裂解-聚合法橡胶颗粒改性沥青机理及技术性能研究

Study on Mechanism and Technical Performance of Crumb Rubber Modified Asphalt by Cracking-Polymerizing

毛 宇 著

·长 沙·

图书在版编目(CIP)数据

裂解-聚合法橡胶颗粒改性沥青机理及技术性能研究 / 毛宇著. —长沙：中南大学出版社，2022.8

ISBN 978-7-5487-4883-0

Ⅰ. ①裂… Ⅱ. ①毛… Ⅲ. ①橡胶沥青-改性沥青-研究 Ⅳ. ①TE626.8

中国版本图书馆 CIP 数据核字(2022)第 068068 号

裂解-聚合法橡胶颗粒改性沥青机理及技术性能研究

LIEJIE-JUHEFA XIANGJIAO KELI GAIXING LIQING JILI JI JISHU XINGNENG YANJIU

毛宇　著

□**出 版 人**　吴湘华
□**责任编辑**　刘小沛
□**责任印制**　唐　曦
□**出版发行**　中南大学出版社
社址：长沙市麓山南路　　邮编：410083
发行科电话：0731-88876770　　传真：0731-88710482
□**印　　装**　湖南省汇昌印务有限公司

□**开　　本**　710 mm×1000 mm　1/16　□**印张** 12.75　□**字数** 256 千字
□**版　　次**　2022 年 8 月第 1 版　□**印次** 2022 年 8 月第 1 次印刷
□**书　　号**　ISBN 978-7-5487-4883-0
□**定　　价**　62.00 元

内容简介

废旧轮胎胶粉被广泛应用在路面工程中，既解决了废轮胎污染，也满足了现代公路交通对路面性能的要求。本书以理论分析与室内试验相结合的方法，以橡胶颗粒改性沥青及其混合料的流变性能、微观机理、生产设备及生产工艺等为研究对象，在充分总结前人工作成果的基础上，提出了一种裂解-聚合法生产橡胶颗粒改性沥青的新方法，并分析了剪切温度、剪切速率、剪切时间和橡胶掺量等因素对裂解-聚合法橡胶颗粒改性沥青技术性能的影响；提出了裂解-聚合法橡胶颗粒改性沥青混合料配合比设计方法及其适用范围，使混合料的高低温性能和水稳性更加突出，疲劳性能与SBS改性沥青混合料相当；基于扫描电子显微镜(SEM)、差式扫描量热法(DSC)以及红外光谱(IR)等微观实验揭示了裂解-聚合法橡胶改性沥青的改性机理；系统改造了过磨研磨型裂解-聚合法橡胶颗粒改性沥青生产设备的加热、搅拌以及胶体磨研磨系统，实现了生产工艺的优化，同时对裂解-聚合法橡胶颗粒改性沥青混合料与普通沥青混合料进行了环境影响分析、全寿命技术经济分析比较，为科学生产和使用裂解-聚合法橡胶颗粒改性沥青提供了参考，为保证裂解-聚合法橡胶颗粒改性沥青路面使用性能和工程质量提供了依据，具有一定的科学研究和实际应用价值。本书可供从事道路用改性沥青生产和科研的科技人员、工程技术人员学习参考。

作者简介

毛宇，男，1976年生，汉族，博士研究生，高级工程师，目前任教于湖南城市学院土木工程学院。2003年毕业于长安大学道路与铁道工程专业，获硕士学位；2012年取得道路与桥梁高级工程师职称；2017年毕业于长安大学交通运输工程（道路材料科学与工程）专业，获博士学位；2003年4月—2019年12月，先后就职于深圳路安特沥青高新技术有限公司、中国建筑国际集团技术中心、重庆鑫路捷科技有限公司；2019年12月至今，就职于湖南城市学院土木工程学院。长期从事路面相关材料特别是改性沥青及道路材料添加剂的研究开发，致力于将道路新材料尤其是改性沥青相关道路材料应用于工程实践，为近百条高速公路改性沥青生产应用提供过技术支持，具有丰富的材料研发及工程应用实践经验。主持湖南省教育厅科学研究项目1项、湖南省自然科学基金项目1项，主持完成企业科研项目并进行成果产业转化十余项，公开发表科研论文十余篇，其中EI收录3篇；已获专利授权十余项。

前言

废橡胶粉(由废旧轮胎加工而成)用于改性沥青、沥青混合料时，工艺简单、成本低，可以大大改善路面质量，其研究和应用具有深远的环保效益、经济效益和社会效益。已有很多研究结果表明将橡胶粉加入沥青中对沥青及其混合料的性能改善比较明显，这种产品是改性沥青的重要替代材料之一，也为废旧轮胎再生利用开辟了新的途径。过磨研磨型橡胶改性沥青虽然已经有部分应用，但其原材料选择、配方设计、混合料级配设计、生产工艺、生产设备以及施工工艺等多方面仍存在很大的需要进一步研究的空间，本书针对上述情况，研究过磨研磨型裂解-聚合法橡胶颗粒改性沥青的性能及机理，探索裂解-聚合法橡胶颗粒改性沥青及其混合料的相关指标及性能，以期为国内过磨研磨型裂解-聚合法橡胶颗粒改性沥青的应用提供参考。通过研究工作的开展，取得了一定的成果和初步认识：

(1)自主开发的橡胶颗粒产品具有飘尘少、加入沥青后黏度较低易于搅拌等特点，橡胶颗粒在高温下与聚合改性剂、基质沥青等一起经过研磨，部分裂解的橡胶颗粒适度交联聚合后形成三维立体结构体系，能够明显改善沥青的高低温性能、抗疲劳性能和耐久性能。

(2)剪切温度、剪切速率、剪切时间等工艺参数对裂解-聚合法橡胶颗粒改性沥青技术性能产生的影响：剪切温度越低，橡胶颗粒改性沥青黏度越大，橡胶颗粒在沥青中越不易分散；

剪切温度过高则易引起沥青老化，从而影响沥青性能；剪切速率越低，橡胶颗粒细化越慢，越不易形成稳定的橡胶颗粒改性沥青体系；剪切时间越短，橡胶颗粒分散效果越差，剪切时间过长时，橡胶颗粒易发生降解，从而降低沥青的使用性能。

(3)橡胶颗粒掺量是影响裂解-聚合法橡胶颗粒改性沥青性能最重要的因素之一。黏度、针入度、延度和弹性恢复等指标均随着橡胶颗粒掺量的增加而增大。掺量较小时，主要体现为基质沥青自身的性能，随着掺量的增加，橡胶颗粒改性沥青更多地呈现出废胎胶粉的特性。推荐裂解-聚合法橡胶颗粒改性沥青的合理掺量为20%。

(4)采用裂解-聚合法生产工艺制备的橡胶颗粒改性沥青，其低温性能及弹性恢复较基质沥青有较大幅度提高，黏度与SBS 改性沥青相差不大；裂解-聚合法橡胶颗粒改性沥青的高温性能按照 SHRP 分级达到 PG76 的要求，具有较好的高温稳定性。

(5)干拌与湿拌生产的橡胶(粉)沥青混合料与 SBS 改性沥青混合料相比，其高温抗车辙能力和水稳定性更优。级配对橡胶颗粒改性沥青混合料性能的影响较大，间断级配更适用于橡胶颗粒改性沥青混合料。通过将橡胶颗粒计入级配曲线，可以有效避免其与其他集料的干涉作用，混合料的综合性能更优。实验路铺筑由于条件限制使用了 AC-16 型裂解-聚合法过磨研磨型橡胶颗粒改性沥青混合料，但试验结果表明其综合使用效果良好。

(6)过磨研磨型裂解-聚合法橡胶颗粒改性沥青生产可在原有 SBS 改性沥青生产设备的基础上进行改造升级。通过在配料罐罐壁铺设环绕式加热管道并取消内设盘管式加热的方式，实现了快速升温；通过将搅拌桨叶形式改造成弧形桨叶的形式，能够形成向下向内的搅拌涡流，从而使橡胶颗粒的添加更加顺畅，减小搅拌阻力，降低能耗；通过将胶体磨中动磨盘和静磨盘磨刀之间的夹角设置为90°并使磨盘之间间隙可调，改善了黏度较大的裂解–聚合法橡胶颗粒改性沥青过磨特点，实现了均匀研磨；优化了整个电气系统，实现了改性生产设备自动化操作。

本书的研究工作获得了湖南省教育厅科学研究项目（21C0671）、湖南省自然科学基金（2022JJ50270）、湖南城市学院土木工程学院等的经费资助。在本书的撰写过程中，重庆鑫路捷科技有限公司新材料技术中心在数据、图件处理和文字校核方面给予了大力帮助，本书的出版得到了中南大学出版社的支持。在此一并表示诚挚的谢意。

由于笔者水平有限，书中难免存在不足和纰漏，恳请读者批评指正。

毛 宇

2022年3月于湖南长沙

目 录

第1章 绪 论

1.1 研究背景与意义

近年来随着我国经济的迅速发展，汽车保有量逐年攀升，公路运输在综合运输体系中所占比重不断增加，公路在客货运输中发挥了重要作用。公路等级的提高和里程的高速增长促进了经济发展和交通量水平的增加，特别是重型货车比例增加迅速，加大了公路交通压力。为适应我国交通发展的需要，全国各地在重交通公路中广泛采用了改性沥青，以提高路面结构水平和耐久性[1-2]。

与此同时，随着我国汽车保有量的增加，废弃旧轮胎数量也在不断上涨，2007 年废弃的轮胎数量就接近 1 亿个，之后每年都在大量增加[3-4]。我国对于资源重复利用比较关注，倡导发展循环经济以实现可持续发展，将资源再生利用与综合利用作为资源节约工作的主要措施。2005 年全国交通工作会上强调了推广可再生资源和资源的再生利用，以及发展交通循环经济的重要性。2006 年全国公路养护管理工作会议上指出公路事业要走资源节约型、环境友好型之路，交通部《公路水路交通中长期科技发展规划纲要(2006—2020 年)》将交通建设和养护材料再生技术作为研究重点[5-6]。

我国废弃轮胎只有少数得到回收利用，绝大多数作为废料被焚烧或埋置处理，这些废料需要数百年才能分解为无害物质，不仅占用了大量的土地资源，也很大程度上造成了环境污染，基于以上原因，如何利用好废旧轮胎，对其进行重新再生利用成为亟待解决的问题。

综合废旧轮胎的各种处理方式，将废旧轮胎加工成橡胶粉，在道路建设中加以应用已经成为各国研究和应用的重点，这也是处理大量废旧轮胎的最好方式之一。废橡胶粉(由废旧轮胎加工而成)用于改性沥青、沥青混合料时，工艺简单、成本低，可以大大改善路面质量，其研究和应用具有深远的环保效益、经济效益和社会效益[7-8]。已有大多数研究结果表明将橡胶粉加入到沥青中对沥青及其混合料的性能改善比较明显，其是改性沥青的重要替代材料之一，同时也为废旧轮胎再生利用开辟了新的途径。

在道路建设中，废旧轮胎橡胶粉作为一种改性材料添加到基质沥青或者沥青混合料中，已经被国内外大量的研究及应用证明是一种较好的废物利用途径。废旧轮胎橡胶粉的利用方式有很多种，包括干法和湿法，如图 1-1 所示，干法即将废旧轮胎橡胶粉直接添加到拌和楼内生产橡胶粉沥青混合料，湿法即将废旧轮胎橡胶粉添加到沥青中生产橡胶粉沥青胶结料。湿法又可以根据实际情况大致分为两种：一种为将橡胶粉添加到高温沥青中强力搅拌后形成橡胶沥青；另一种为将橡胶粉和少量添加剂一起添加到高温沥青中，经过胶体磨研磨后形成橡胶改性沥青。

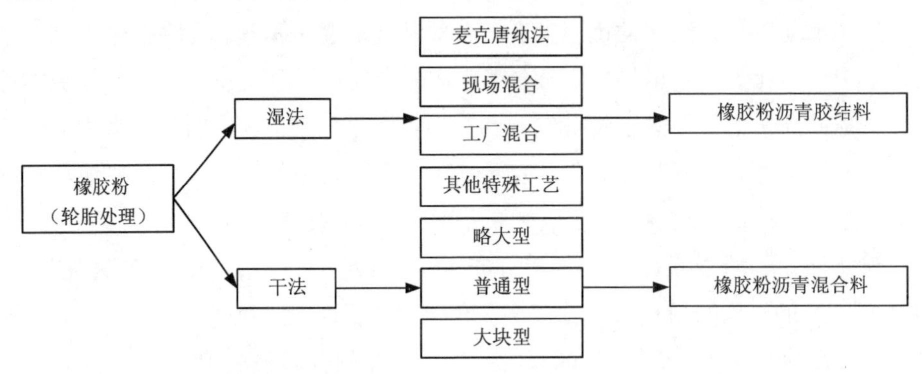

图 1-1　废旧轮胎橡胶粉应用形式分类

搅拌法生产的橡胶沥青在国外应用较多，是一种传统的橡胶粉应用方式，国内也有不同程度的应用[9]。该方法的优点在于加工方式简单，缺点在于加工过程中温度要求较高且升温时间要求严格，一般都需要 200℃甚至更高温度且要求瞬间升温，能耗较大；橡胶沥青产品一般不适合储存，需即产即用，适合现场对接拌和楼；该方法生产橡胶沥青需要配置专用搅拌型橡胶沥青生产设备[10]。

研磨型橡胶改性沥青近几年才在国内逐步开始研究和推广，究其原因主要是国内大部分橡胶改性沥青生产者本身拥有 SBS 改性沥青设备，通过对设备进行升级改造后直接用于橡胶改性沥青的生产，不用购买专用搅拌型橡胶沥青设备，且该法生产出的橡胶改性沥青拥有自身的性能及应用特点，是较符合国内实际情况的一种废旧轮胎橡胶粉应用方式[11]。该方法生产的橡胶改性沥青与拌和型橡胶沥青有较大的不同，尤其是黏度指标与橡胶沥青相比差异较大，普遍比橡胶沥青小。总体来说过磨研磨型橡胶改性沥青的性能指标虽然与 SBS 改性沥青相比也存在较大差异，但相比橡胶沥青，其性能与 SBS 改性沥青相差较小，所以设计中应重新考虑，借鉴 SBS 改性沥青的已有成熟工艺，对其进行改进。

目前，通过橡胶制备的沥青有两种，其中使用比较多的是将橡胶粉与沥青进行高温混熔，得到的这种沥青为橡胶沥青，其存储时间较短，只能即产即用；另一种则是将橡胶粉当作 SBS 或 SBR 等改性剂，通过将普通橡胶粉与基质沥青进行混合研磨，将其与沥青进行完全融合，这种工艺得到的即为橡胶改性沥青。将废旧橡胶粉通过裂解后重新造粒得到一种新型橡胶颗粒，然后通过聚合法将橡胶颗粒与沥青混合研磨得到一种新型橡胶改性沥青，称之为裂解-聚合法橡胶颗粒改性沥青。

过磨研磨型橡胶改性沥青虽然已经有部分应用，但其原材料选择、配方设计、混合料级配设计、生产工艺、生产设备以及施工工艺等多方面仍存在很多需要进一步研究的空间，针对上述情况，研究过磨研磨型裂解-聚合法橡胶颗粒改性沥青的性能及机理，探索裂解-聚合法橡胶颗粒改性沥青及其混合料的相关指标及性能，能够为国内过磨研磨型裂解-聚合法橡胶颗粒改性沥青的应用提供参考。

1.2 国内外研究现状

1.2.1 国外废胎橡胶粉应用概况

从二十世纪六七十年代以来，美国、瑞典、英国、法国、比利时、南非、日本等国家先后开展了橡胶沥青和橡胶粉沥青混凝土的应用研究，并通过立法或技术推广，极大地促进了废旧轮胎橡胶粉在道路工程中的应用[12]。

20 世纪 60 年代 McDonald 发明了橡胶沥青，最初主要用于应力吸收层(SAM)，70 年代亚利桑那州精炼公司推出脱硫废橡胶粉改性沥青；1975 年橡胶沥青首次应用于开级配沥青混凝土[13]。

20 世纪 60 年代，美国对橡胶沥青进行了较多的研究，并分别在阿拉斯加、俄勒冈州等地铺筑了采用干法(即直接添加到沥青混合料中)和湿法(即添加到沥青中)工艺的试验路[14]，并进行了长期的观测，表明橡胶粉加入沥青或者混合料中能够显著改善路面的低温抗裂性能，但同时使得材料的模量等强度指标有比较大的下降，不过劈裂性能得到改善，且其抗水损坏能力较好。

1977—1984 年，美国联邦公路局对 16 个州开展了橡胶沥青路面的研究，通过大量实验数据和对试验路的观测，发现橡胶沥青的优势在于永久变形小，温度裂缝和反射裂缝较少，在冰雪地区能够起到抗滑除冰的效果[15]。

美国很早就意识到废旧轮胎给环境带来的巨大压力，这种难降解的黑色垃圾难以处理，而用于制备橡胶沥青却是一条废物利用的好途径，于是在 1991 年开始颁布法案对废旧橡胶粉进行回收利用，并指出应该增加其回收用量，直至 1997 年，政府要求废旧回收橡胶粉的掺量要达到 20%[16]。

1990—1993 年，美国弗吉尼亚州铺筑了多条橡胶改性沥青试验路，一段时间后，添加橡胶粉的试验路车辙明显减少，路面的抗滑性增强[17]。

目前，美国已将橡胶沥青广泛应用于包括橡胶沥青应力吸收层、橡胶沥青碎封层、密/开/断级配橡胶沥青混凝土等领域[18]。

美国 ASTM 制定了橡胶沥青的技术标准(ASTM D6114—97)，见表 1-1。

表 1-1　橡胶沥青性能指标要求(ASTM D6114—97)

类别	Type Ⅰ	Type Ⅱ	Type Ⅲ
视黏度(175℃)/cP	1500~5000	1500~5000	1500~5000
针入度(25℃, 100 g, 5 s)/0.1 mm	25~75	25~75	50~100
针入度(4℃, 200 g, 60 s)/0.1 mm	10	15	25
(最小)软化点/℃	57.2	54.4	51.7
(最小)回弹率(25℃)/%	25	20	10
(最小)闪点/℃	232.3	232.2	232.2
薄膜烘箱试验后样品 (最小)4℃残留针入度比/%	75	75	75

注：①Type Ⅰ、Type Ⅱ、Type Ⅲ分别适用于平均气温较高、中等及较低的地区；②回弹率的试验方法为 ASTM D5329—12。

加拿大也较早地对橡胶粉在道路建设中的应用进行了研究，于 1990—1992 年间，共修筑了 11 段橡胶改性沥青试验路，并进行长期的观测，也积累了较多的橡胶改性沥青应用经验[19]。

法国在 1995 年前就开始了橡胶沥青多孔隙混凝土路面的研究，并累计铺筑了 100 多万平方米的多孔隙橡胶沥青路面。Alain SAINTON 总结多年的 PAC 路面试验室内研究和试验路的观测数据，分析得出的结论是橡胶粉改性多孔隙路面的排水性能和承载能力较好，其抗剪切和抵抗不良气候影响的性能明显优于对比试验路段[20]。

南非也对橡胶粉用于道路建设进行了深入的研究，还将橡胶沥青用于应力吸收层，取得了较好的效果。南非的一条橡胶沥青路面经过 25 年的使用依然保持良好的路用性能，可见其在橡胶沥青应用上的成就，目前南非 60%以上的道路都是使用橡胶沥青铺筑，尤其是重轴载交通的道路[21]。

2010 年，Kyu-Dong Jeong[22]等通过 DSR、GPC 等研究了橡胶改性沥青的性能在不同温度及不同橡胶粉掺量下的变化，其中橡胶粉掺量越大，沥青中大分子量越多，究其原因主要是橡胶粉产生了溶胀，进而吸收了沥青中的低分子量。

2013 年，Liseane P Thives[23]等采用相关性能测试以及扫描电镜分析橡胶沥青胶结料表面特性，来评价废胎橡胶粉在基质沥青中的反应时间。研究发现扫描电镜分析可以辨别出废胎橡胶粉与基质沥青之间相互作用的最佳反应时间。

2013 年，F Moreno[24]等通过车辙试验和间接抗拉强度试验评价橡胶粉对沥青混合料抗塑性变形能力的影响。结果表明，随着橡胶粉掺量增大，其抗塑性变形能力有所改善。

2015 年，I M Ibrahim[25]等采用 γ 射线对废胎橡胶粉进行处理后制作橡胶沥青，通过对比研究发现，经过 γ 射线处理过的废胎橡胶粉制得的橡胶沥青较未处理的橡胶粉制得的橡胶沥青在高温、低温以及抗老化性能上都有显著的提升。

纵观国际上对橡胶粉在道路建设中的应用研究过程，主要分为几个阶段：最开始是 20 世纪 60 年代前后，主要将废旧橡胶粉应用在改性沥青中；其次是 20 世纪 70 年代初期，重点研究将废旧橡胶粉应用在应力吸收层中；到 20 世纪 70 年代中期，主要研究的是开级配橡胶沥青混凝土；而到了 70 年代后期，橡胶沥青研究主要聚焦在连续级配中，其中密实型沥青混凝土研究较多；从 20 世纪 80 年代直至今天，研究者主要采用断级配分析评价橡胶改性沥青混凝土的相关性能。

1.2.2 国内废胎橡胶粉应用概况

我国也是汽车大国，大量的废旧轮胎成为难以处理的垃圾，对我国的环境影响很大，所以关于废旧轮胎橡胶粉的再利用在我国很早就有研究，其中包括对废旧轮胎橡胶粉用于道路建设的研究。总体来说，国内的发展经历了以下三个阶段：

20 世纪 80 年代，虽然我国开始了对橡胶粉添加到沥青中铺筑路面的研究，并且修筑了试验路，但是当时橡胶粉的加工并没有达到现在这样的水平，大部分加工出来的橡胶粉都很粗，难以达到道路使用部门提出的要求；那个时期橡胶沥青基本都是采用连续型级配，而不是开级配或者断级配，使得当时的橡胶沥青应用并没有取得应有的效果[26]。

20 世纪 90 年代后，废胎橡胶粉在沥青路面中的应用研究并没有停滞。哈尔滨建筑大学采用室内试验方法评价了橡胶沥青性能；江苏石油化工学院、上海沥青混凝土二厂等单位研究了橡胶沥青的加工工艺；华东冶金学院研究了废胎橡胶粉与煤沥青性质和族组的变化情况；辽宁省交通科研所研究了橡胶改性乳化沥青的路用性能，并进行试验将其用于稀浆封层的施工；沈阳市政设计院在 1993 年铺筑了橡胶沥青混合料试验路[27]。

2001 年交通部公路科学研究所首次在钢桥面铺装中采用了掺量为 30% 的橡胶粉(相对于沥青用量)，该桥面经受了 4 个夏季的超重交通考验，基本上保持完好，各项性能指标保持优良，但是不久后钢桥面铺装就出现了推移、拥包等病害[28]。因此，交通部组织开展有关废旧橡胶粉用于路面工程的相关项目研究，提出橡胶改性沥青及其混合料的技术指标，并形成指导意见书以指导施工[29]。同时在全国各地修筑了三十多公里的试验路，涉及不同气候区域，这一举措为后来将橡胶粉应用在路面工程中起到指导性作用。

20 世纪 90 年代末，我国高速公路的建设速度加快，沥青路面的质量亟待提高，橡胶沥青在沥青路面中的应用再次引起了交通部的重视[30]。2001 年第一批西部科技项目中专门立项开展“废旧废胎橡胶粉用于筑路的技术研究”。该项目由交通部公路科学研究院主持，联合河北、山东、广东、四川、贵州等省的公路部门以及同济大学、长沙理工大学等单位，在前人研究的基础上，借鉴国外成功经验，从废胎橡胶粉的路用标准，到橡胶沥青的技术指标[31]；从橡胶沥青混合料的配合比设计方法，到混合料的加工生产工艺；从橡胶沥青路面的设计体系，到质量控制措施，开展了大规模的、系统的室内外试验研究。特别是充分结合我国重载交通的使用环境和半刚性基层沥青路面结构特点，提出了适合我国国情的橡胶沥青及混凝土应用技术。

另外，广东、江苏、四川、天津、辽宁、陕西等省份的有关单位分别引进国外成套技术，开展了橡胶沥青混凝土的应用技术研究和试验路铺筑，对我国推进橡胶沥青在公路行业的应用作出了显著贡献[32]。

2009年，江西省交通厅[33]主持项目“废轮胎橡胶改性沥青在高温多雨地区高速公路中的应用研究”课题顺利通过鉴定。项目围绕高温多雨地区橡胶改性沥青在高速公路路面工程中的应用，研究了橡胶改性沥青及其混合料的技术要求、配制工艺和性能、影响因素和配合比设计等，探讨了橡胶沥青应用于高温多雨地区的优越性。

2010年，黄卫东等[34]通过对比室内车辙试验和浸水车辙试验，研究了橡胶沥青混合料高温稳定性能的主要影响因素，得出橡胶粉的来源、掺量对其高温性能有较大影响，而橡胶粉的粒径对其影响不大。

2011年，刘亚敏等[35]在普通SMA配合比设计的基础上，研究橡胶沥青混合料的配合比设计方法。研究表明，与普通SMA相比，橡胶沥青SMA混合料具有较小的矿粉用量，并且其空隙率较大，同时掺加了高模量剂，也在一定程度上改善了其高温性能。

2013年，李强等[36]通过扫描电镜以及沥青组分试验分析了橡胶沥青的混溶改性机理。试验得出，橡胶粉和沥青会产生混溶反应，其形貌和沥青中的组分有较大变化。

2015年，于雷等[37]利用单轴压缩动态模量试验测试不同条件下的橡胶沥青混合料的动态模量和相位角，利用时温等效原理，借助Sigmoidal函数和非线性最小二乘法拟合确定混合料动态模量主曲线和不同温度间的平移因子。结果表明：在相同加载频率下，混合料动态模量随温度的升高而降低；在相同试验温度下，混合料动态模量随加载频率的增加而增加；不同温度下相位角随加载频率的变化趋势不同；最佳油石比条件下的混合料动态模量最高，高温稳定性也最好。

2016年，李海莲等[38]在3种不同来源的基质沥青（克炼、埃索和SK）中添加不同掺量的废旧轮胎橡胶粉，制备得到橡胶沥青，通过动态剪切流变试验和布氏黏度试验分析了基质沥青对橡胶沥青性能的影响，采用复数模量指数评价了不同基质沥青制备得到的橡胶沥青的感温性，并采用凝胶色谱试验分析了橡胶沥青中大分子量(LMS)的变化。结果表明在克拉玛依沥青中加入废旧橡胶粉，制得的沥青黏度大、高温性能优异、感温性最小、LMS 增长较为显著；埃索沥青制备得到的橡胶沥青黏度最小，车辙因子最低、感温性较大、LMS 较其他橡胶沥青都小。

我国公路建设者已经认识到橡胶沥青研究开发的重要性，但是对橡胶沥青的配方研制、配套的生产加工设备、应用范围及施工工艺等方面的研究还处在发展阶段，还有一系列问题没有完全解决。国外生产橡胶沥青的技术在我国还不能完全照搬，美国等发达国家的公路荷载技术标准低于我国，如我国对货车轮胎压力规定为 0.7 MPa，而美国是 0.6 MPa，我国轴载规定是 100 kN，而美国是 80 kN。由于荷载标准的提高导致对沥青高温稳定性方面的要求更高。另外一方面，我国轮胎生产企业众多，其生产工艺和原材料的组成含量存在较大区别，主要成分除橡胶外，还有钢丝、炭黑、帘子线、硫、抗氧剂等材料，原材料成分多样导致橡胶沥青各方面性能差异较大，而且直接影响其施工性能和路用性能，这是生产橡胶沥青必须攻克的技术难关之一。

橡胶沥青中橡胶粉掺量高达 15%~25%，且橡胶粉中成分复杂，因此其储存稳定性是一个技术难题，根据国内外研究结果，其有效储存时间仅为 4~6 h，要求橡胶沥青在这个时间内必须用完，过长的储存时间将导致橡胶粉融胀加剧，橡胶沥青黏度降低，且橡胶沥青不能重复进行加热。为此国外一般采取现场生产然后立即施工的方法，这样对施工要求更严，必须使混合料拌和与橡胶沥青生产相协调，否则因储存时间过长而导致路用性能降低。另一方面，橡胶沥青黏度高，因此必须提高沥青混合料拌和、摊铺及碾压温度，温度控制范围的大小还需要深入研究。国外应用橡胶沥青的国家大多数采用断级配和开级配，主要用于抗滑表层或透水式路面，其应用范围受到一定的限制，基于这个原因，国外实际应用橡胶沥青并不像 SBS 改性沥青那么广泛。

总体来看，国外主要研究橡胶沥青，但是对裂解-聚合法橡胶颗粒改性沥青则鲜有涉及。国内对橡胶改性沥青和研磨型裂解-聚合法橡胶颗粒改性沥青都有研究，但后者的研究不系统且缺乏资料的总结，其可研究的空间还很大，无论从原材料选择、配方设计、级配设计还是施工工艺都值得深究，以为实际生产及实体工程提供参考。

1.3 研究内容及技术路线

1.3.1 主要研究内容

通过改性添加剂对废旧轮胎橡胶粉进行裂解改性并造粒，然后将其添加到加热后的基质沥青中，通过改造的生产设备进行高速剪切研磨并添加聚合改性剂适度聚合，生产出的废旧轮胎橡胶改性沥青大幅改善了沥青的高、低温和黏附性能、储存稳定性能等，从而提高了路面的高、低温性能和行车舒适性，从根本上延长了路面的使用寿命。

废旧轮胎橡胶粉的裂解-聚合是产品生产的关键。通过化学裂解分散的方法使橡胶粉的三维立体结构裂解，当达到一定的分散度后再重新适度催化聚合而形成部分交联系统的方法生产废旧橡胶改性沥青，能够对沥青高、低温性能，抗疲劳性能、耐久性能起到明显改善的作用。

室内研究分为两部分，一部分是裂解-聚合法生产废旧轮胎橡胶改性沥青的研究，主要包括对橡胶粉进行适当的化学裂解改性和重新造粒的废旧轮胎橡胶颗粒的研究、聚合改性剂的研究、实验室配方及工艺研究；另一部分是裂解-聚合法橡胶颗粒改性沥青性能的验证及机理研究。

生产研究也分为两部分，一部分是根据废旧轮胎橡胶改性沥青生产的特点，对原有聚合物改性沥青生产设备进行改造，使之能够适应废旧轮胎橡胶粉的生产工艺；另一部分是优化生产工艺参数的研究。

最后铺设试验路，对施工工艺进行研究，指导实体工程应用。

1.3.2 研究技术路线图

研究技术路线示意图见图 1-2。

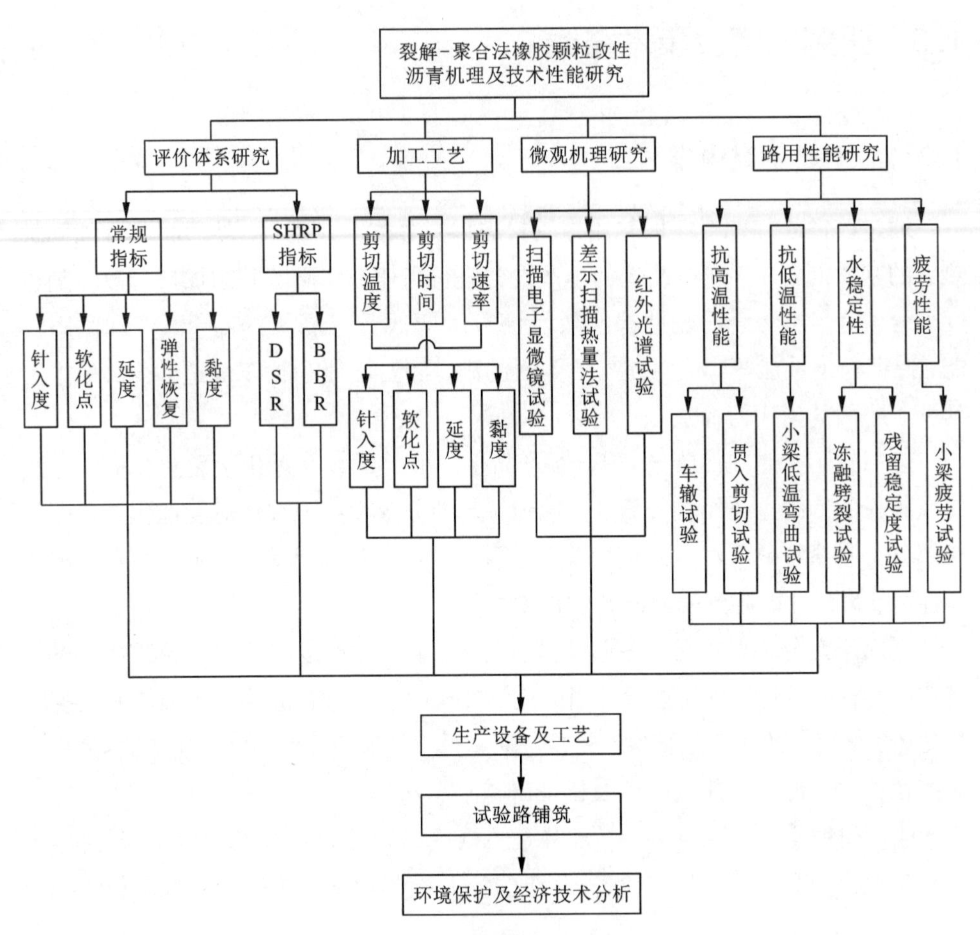

裂解-聚合法橡胶颗粒改性沥青机理及技术性能研究
评价体系研究
加工工艺
微观机理研究
路用性能研究
常规指标
SHRP指标
剪切温度
剪切时间
剪切速率
扫描电子显微镜试验
差示扫描热量法试验
红外光谱试验
抗高温性能
抗低温性能
水稳定性
疲劳性能
针入度
软化点
延度
弹性恢复
黏度
DSR
BBR
针入度
软化点
延度
黏度
车辙试验
贯入剪切试验
小梁低温弯曲试验
冻融劈裂试验
残留稳定度试验
小梁疲劳试验
生产设备及工艺
试验路铺筑
环境保护及经济技术分析

图 1-2　研究技术路线图

第 2 章　裂解-聚合法橡胶颗粒改性沥青的制备

裂解-聚合法橡胶颗粒改性沥青的制备主要分为两个部分：裂解过程包括在裂解助剂的作用下对橡胶粉进行部分裂解并造粒的过程，造粒后的橡胶颗粒添加到热沥青中也会发生部分高温裂解；聚合过程主要是将橡胶颗粒加入热沥青中后，再添加聚合改性剂使其在研磨过程及发育过程中发生交联聚合反应。裂解和聚合两个部分有机结合即可制得裂解-聚合法橡胶颗粒改性沥青。

2.1　废胎橡胶粉的选择

2.1.1　废旧橡胶粉的分类

废胎橡胶粉主要来源于车辆报废的废旧轮胎，废旧轮胎根据使用情况的不同采用不同的配方，一般来说有两种类型，分别是用于乘用车的子午胎和用于载货汽车或者公交车的斜交胎[39]。由于原始配方存在差异，两者制成的废轮胎橡胶粉的性能也有所不同。

不同方法（表 2-1）生产出的废旧轮胎橡胶粉的粒度大小不同，所以按照粒度大小，将橡胶粉分为超细（>200 目）、微细（47～200 目）、细（30～47 目）、粗（12～20 目）等[40]，橡胶粉目数对照表见表 2-2。

表 2-1　不同生产方式生产的废旧橡胶粉粒度

生产方式	粒度大小
常温粉碎法	较粗
低温粉碎法	较细
常温化学粉碎法	粗细适中

表 2-2　美国标准筛及泰勒筛标准简易对照表

美国标准筛/目	筛孔直径/mm	泰勒标准筛/目	美国标准筛/目	筛孔直径/mm	泰勒标准筛/目
3.5	5.66	3.5	40	0.42	35
5	4	5	60	0.25	60
7	2.83	7	80	0.177	80
10	2	9	100	0.149	100
14	1.41	12	120	0.125	115
18	1	16	140	0.105	150
20	0.841	16	170	0.088	170
25	0.707	24	200	0.074	200
35	0.5	32	230	0.063	250

我国于 2011 年颁布了《路用废胎硫化橡胶粉》(JT/T 797—2011)行业标准，指出按细度将废胎橡胶粉分为三类，即Ⅰ类橡胶粉：粒度在 30 目(含)以下(0.60 mm 及以上)；Ⅱ类橡胶粉：粒度为 30~80 目(含)[0.60~0.18 mm(含)]；Ⅲ类橡胶粉：粒度为 80~200 目(含)[0.18~0.075 mm(含)]。

表 2-3　筛孔直径与标准目数对照表

筛孔尺寸/mm	标准目数/目	筛孔尺寸/mm	标准目数/目
2.00	10	0.212	70
1.18	16	0.180	80
0.850	20	0.150	100

续表2-3

筛孔尺寸/mm	标准目数/目	筛孔尺寸/mm	标准目数/目
0. 600	30	0. 125	120
0. 425	40	0. 106	140
0. 300	50	0. 090	170
0. 250	60	0. 0750	200

2.1.2　废胎橡胶粉的生产工艺

废胎橡胶粉的生产工艺将影响到橡胶粉的形状与表面状态。这是粉碎前不同的处理方法对废轮胎橡胶物理性能改变机理不同造成的[41]。其生产工艺分为常温法和冷冻法，其生产的橡胶粉目数对比见表 2-4。

表 2-4　常温法和冷冻法的粒径分布

目数/目	常温法/%	冷冻法/%
30	2	2
40	15	10~12
60	60~70	35~40
80	15	35~40
100	5	20
筛余	5~10	2~10

2.1.3　废胎橡胶粉物理性质

轮胎由纤维、钢丝及橡胶组成，其中橡胶占轮胎质量的 50%~60%[45]，废胎橡胶粉生产的两大副产品就是废纤维和废钢丝，而衡量路用废胎橡胶粉的物理指标主要是橡胶粉的粒径、橡胶粉中的纤维以及橡胶粉的密度。

1）废胎橡胶粉的粒径

粒径是废胎橡胶粉的主要技术指标之一，废胎橡胶粉的粒径分布随粉碎机、筛分设备的种类以及工艺不同而不同，而且有一定的粒径范围[42]。我国在实际路面工程应用中，一般橡胶粉选用 40~80 目。

2)废胎橡胶粉中的纤维

作为废胎生产橡胶粉时的副产品——纤维，一般为聚酯胺纤维和聚酯纤维[43]。纤维是沥青混合料的一种改性材料，其加入混合料中会提高油石比，改善混合料的路用性能，有较好的使用价值。

3)废胎橡胶粉的密度

废胎橡胶粉的密度与橡胶粉成分和目数有关[44]，在公路工程中应用时，需要其密度在一定的范围内，从而对废胎橡胶粉的组成起到一定的控制作用。国外的规范要求橡胶粉相对密度为 1.1~1.2，而我国则范围较宽一点，即 1.1~1.3。我国曾在《硫化橡胶粉》(GB/T 19208—2003)中用过倾注密度指标，要求倾注密度为 260~350 kg/m^3，对我国当时生产的废胶胎粉的倾注密度调查发现，密度为 270~410 kg/m^3，其中密度偏大的橡胶粉都会出现灰分含量超标的现象。

4)橡胶粉的物理指标

废胎橡胶粉在加工和储存过程中，如果有水分进入，就会导致橡胶粉结团，各国路用废胎橡胶粉的技术指标和我国规范中都要求含水率小于 1%[45]。国外部分橡胶粉物理指标见表 2-5，我国曾用的《硫化橡胶粉》(GB/T 19208—2003)相关指标见表 2-6，提出了筛余物和倾注密度指标[46]。我国于 2011 年颁布了《路用废胎硫化橡胶粉》(JT/T 797—2011)行业标准，即针对道路用硫化橡胶粉的专门标准，提出了我国路用硫化废胎橡胶粉的物理技术指标，见表 2-7。

表 2-5 国外废胎橡胶粉物理指标要求

项目		相对密度	水分/%	纤维含量/%
美国	佛罗里达州	1.10±0.06	<0.75	要求
	亚利桑那州	1.15±0.05	—	A：0.1；B：0.5
	加利福尼亚	1.10~1.20	—	0.05
	得克萨斯州	—	<0.75	0.1
南非		1.10~1.25	—	—

表 2-6　国内曾用硫化橡胶粉物理指标要求

检测项目	筛余物/%	倾注密度/($kg \cdot m^{-3}$)	水分含量/%	金属含量/%	纤维含量/%
标准要求	≤10	260~350	≤1.0	≤0.02	≤0.5

表 2-7　我国路用硫化废胎橡胶粉的物理技术指标

项目	筛余物/%	相对密度	水分/%	金属含量/%	纤维含量/%
技术标准	<10	1.10~1.30	<1	<0.03	<1

2.1.4　废胎橡胶粉化学性质

废胎橡胶粉的主要化学成分有合成橡胶、天然橡胶、可塑剂、炭黑及灰分等[47]。不同轮胎的橡胶粉典型化学成分见表 2-8。

表 2-8　不同轮胎的橡胶粉典型化学成分表

检测项目		乘用车轮胎(子午胎)	轻型载重车轮胎	重型载重车、大型乘用车轮胎(斜交胎)
天然橡胶/%		20	40	70
丁苯橡胶/%		80	45	20
顺丁橡胶/%		—	15	10
橡胶含量/%	直接法	—	23.7	40.2
	间接法	47.6	44.6	54.1
相对密度		1.16	1.15	1.14
丙酮抽出物/%		19.4	16.9	12.5
三氯甲烷抽出物/%		—	1.4	1.2
KOH 酒精溶液抽出物/%		—	0.5	0.4
硫磺/%		—	1.7	1.7
游离硫/%		—	0.02	0.03
无机硫/%		—	0.5	0.7
灰分/%		3.1	4.2	3.8
炭黑/%		—	30.7	26.3

当前国内缺乏对废胎橡胶粉中天然橡胶含量的指标限定，但是天然橡胶对橡胶沥青技术性能的改善十分重要，因此为保证路用效果，一般选用天然橡胶含量较高的斜交胎生产的废胎橡胶粉。

废胎橡胶粉在公路工程中应用，无论采用干拌法还是湿拌法都要在高温条件下与沥青拌和[55]。废旧橡胶粉的自身性能对混合料的技术性能影响较大，其在高温下会结团，其中有些结团可以碾开，有些则不能，经分析认为过高的水分是导致废胎橡胶粉在高温下结团的原因之一[48]。国内硫化废胎橡胶粉的化学指标要求见表2-9，表2-10为《路用废胎硫化橡胶粉》(JT/T 797—2011)规定的废胎橡胶粉化学技术指标。

表2-9 国内硫化废胎橡胶粉的化学指标要求

检测项目	标准要求	检测项目	标准要求
灰分的质量分数/%	≤8	炭黑的质量分数/%	≥28
丙酮抽出物的质量分数/%	≤12	拉伸强度/MPa	≥15
橡胶烃的质量分数/%	≥45	扯断伸长率/%	≥500

表2-10 废胎橡胶粉化学技术指标

项目	灰分/%	丙酮抽出物/%	炭黑含量/%	橡胶烃含量/%
技术指标	≤8	≤16	≥28	≥48

2.2 目前橡胶粉用于路面工程的不足

从实际使用情况来看，目前大量使用的橡胶粉均存在一些问题，主要表现在以下几个方面。

(1)废橡胶粉来源不一，没有统一的采供渠道，不能保证供应；

(2)废橡胶粉的加工技术长期没有得到重视，加工设备简陋，产品质量无保证；

(3)普通橡胶粉加入沥青达到一定的掺量后，系统的黏度较大，需要较高的温度才能保证生产的顺利进行，这个温度通常都要达到200℃甚至更高，如果不能做到瞬间加热，长时间的高温很容易导致沥青老化，而瞬间加热又使能耗成本大幅度增加；

(4)较细的橡胶粉由于密度比沥青低，大量的橡胶粉漂浮在沥青表层，给搅拌混合均匀造成了困难；另外，由于橡胶粉较细，添加操作时容易产生飘尘，细小的颗粒被操作工人吸入，影响身体健康，实际生产过程中工人对此有较多的意见。

2.3 新型橡胶颗粒的裂解制备原理

由于上述废旧轮胎橡胶粉存在的不足，研究团队自主开发了一种不易飘尘、容易搅拌均匀且添加后系统黏度较低的橡胶颗粒，其是在普通40~60目硫化橡胶粉中加入性能改善添加剂后重新造粒制得新型橡胶颗粒，达到或超过了橡胶粉的使用性能，40~60目的橡胶粉产自湖南合得利橡胶粉公司，化学成分如表2-11所示。

表2-11 废胎橡胶粉化学成分指标

项目	灰分/%	丙酮抽出物/%	炭黑含量/%	橡胶烃含量/%
技术指标	8	6.34	28	57

1)废旧橡胶粉的裂解

选用RV橡胶裂解剂对废旧橡胶粉进行裂解。橡胶裂解剂成分包括活性化学成分、润滑剂、皂类混合物等，环保、无毒。橡胶粉裂解过程中废旧橡胶粉中的硫化胶中的部分键被打开，主要是S—S键、S—C键，由于硫化胶的固有结构被打断，因此其内部较大的分子链产生断裂，这一过程即实现了废旧橡胶粉的裂解。主要原因是还原助剂对产生断裂的交联键会有所选择，硫化胶中的C—C键则较少被打断。

2)新型橡胶粉的造粒

将液体石蜡、水、裂解剂按1∶2∶1的比例混合均匀作为辅料备用，将配置好的辅料(5%)加入辅料储罐，再将橡胶粉加入造粒机，造粒机转速为10~30 r/min，通过压缩空气将辅料以40~80 mL/min的速度喷入造粒机，喷浆过程中继续搅拌；造粒机加料完毕后开启造粒切刀，转速为70~100 r/min，时间为50~80 min，关闭造粒切刀；达到标准粒径后，继续搅拌10 min出料；最后将造粒完的物料送入干燥箱，在70~100℃下干燥1~2 h，得到粒状产品。

该新型橡胶颗粒除了不易飘尘、容易搅拌均匀外，还在生产加工的过程中加入了少量的裂解剂，重新挤出造粒后加入基质沥青中，与普通橡胶改性沥青相比，该种橡胶颗粒能使改性沥青的整体黏度降低，从而使生产温度得到控制，过磨研磨过程更加顺畅。

本书以该自主开发的橡胶颗粒为原材料进行过磨研磨型裂解-聚合法橡胶颗粒改性沥青的配方设计和研究，书中出现的橡胶粉指普通橡胶粉，橡胶颗粒指自主开发的新型橡胶颗粒。

2.4 裂解-聚合法橡胶颗粒改性沥青的制备工艺

2.4.1 原材料

1)基质沥青

基质沥青为裂解-聚合法橡胶颗粒改性沥青的母体材料，它的性能与最终制成的裂解-聚合法橡胶颗粒改性沥青性能指标直接相关，选用的欢喜岭90号(HXL90#)基质沥青性能指标见表2-12。

表2-12 HXL90#基质沥青性能指标

实验项目		单位	试验方法	试验结果
针入度(25℃，100 g，5 s)		0.1 mm	T0604-2000	88
软化点		℃	T0606-2000	46
延度(5 cm/min，15℃)		cm	T0605-1993	>150
运动黏度(135℃)		Pa·s	T0625-2000	0.276
RTFOT	质量损失	%	T0610-1993	-0.15
	针入度比	%	T0608-1993	70
	延度(5 cm/min，15℃)	cm	T0605-1993	>100

2) 橡胶粉

选用的橡胶粉性能指标见表 2-13 和表 2-14。

表 2-13　橡胶粉物理指标要求

项目	粒径/mm	筛余物/%	相对密度	水分/%	金属含量/%	纤维含量/%
指标	0.5~0.8	<10	1.10~1.30	<1	<0.05	<1

表 2-14　橡胶粉化学指标要求

检测项目	粒径/mm	灰分/%	丙酮抽出物/%	炭黑含量/%	橡胶烃含量/%
指标	0.5~0.8	≤8	≤22	≥28	≥42

3) 聚合改性剂

根据聚合法的原理对橡胶粉进行改性，需要在橡胶改性沥青的生产过程中添加一种聚合改性添加剂，选用的聚合改性剂为自行开发，其物理性质指标见表 2-15。

表 2-15　聚合改性剂物理性质指标

项目	指标
外观	灰色粉末
密度(25℃)/(g·cm^{-3})	0.950~0.990
有效含量/%	>98

该聚合改性剂在生产中根据实际情况有多种添加方式，分别为：

(1) 均匀添加到发育罐或成品沥青中并搅拌分散；

(2) 与聚合物同时均匀加入基质沥青中，通过胶体磨研磨后在发育罐中发育即可；

(3) 在过渡罐中均匀加入，加完后通过胶体磨研磨，然后在发育罐中发育即可；

(4) 实际生产过程中针对不同基质沥青和橡胶颗粒可通过试生产确定最佳添

加方式，试验室内添加方式为直接添加到橡胶颗粒和基质沥青的混合物中。

按照2.3小节中的裂解方法对40~60目的橡胶粉进行裂解重塑，得到一种新型橡胶颗粒，将该橡胶颗粒加入基质沥青中，同时加入聚合改性剂达到稳定聚合橡胶颗粒的目的，通过剪切搅拌制备裂解-聚合法橡胶颗粒改性沥青。

2.4.2 制备工艺影响因素研究

不同的剪切温度、剪切速率及剪切时间会对裂解-聚合法橡胶颗粒改性沥青性能指标产生影响，通过对不同条件及参数的优选，可初步确定合适的制备工艺。

1)剪切温度

在橡胶颗粒掺量、剪切速率及时间不变的条件下制备试样，剪切温度对橡胶改性沥青性能的影响见表2-16，橡胶颗粒掺量为沥青质量的20%，剪切速率为4500 r/min，剪切时间60 min。

表2-16 剪切温度对橡胶颗粒改性沥青性能的影响

剪切温度/℃	针入度(25℃)/0.1 mm	软化点/℃	延度(5℃)/cm	黏度(135℃)/cP*
175	54.6	65.2	8.7	4100
185	62.3	63.8	9.5	3400
195	61.5	61.4	10.8	2850
205	60.4	62.6	8.1	3150

注：1 cP=0.001 Pa·s，后同。

在175℃、185℃、195℃以及205℃四个不同剪切温度下，沥青25℃针入度、软化点、5℃延度和黏度的变化如图2-1~图2-4所示。为了更加系统地分析剪切温度对裂解-聚合法橡胶颗粒改性沥青技术性能的影响，采用SPSS统计软件对其进行分析。

(1)不同剪切温度对沥青25℃针入度的影响。

针入度指标的针入度主体间因子见表2-17，针入度指标的主体间效应检验结果见表2-18。

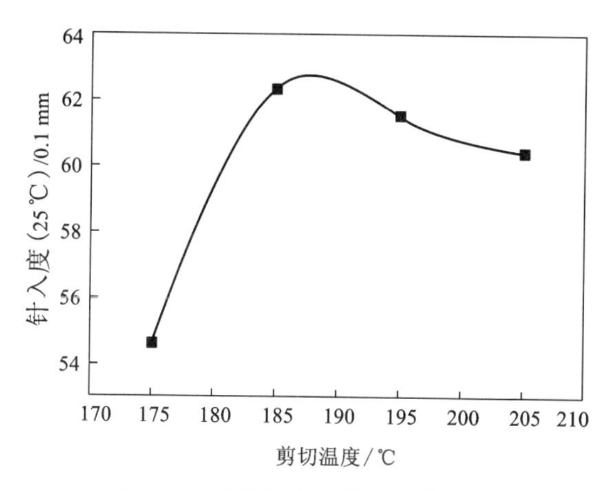

图 2-1　剪切温度与针入度关系图

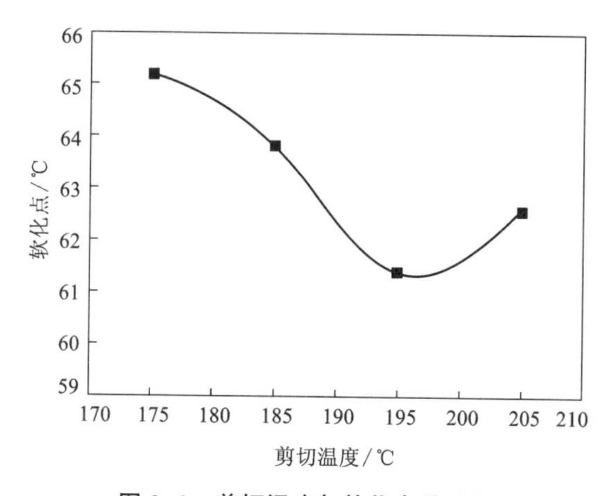

图 2-2　剪切温度与软化点关系图

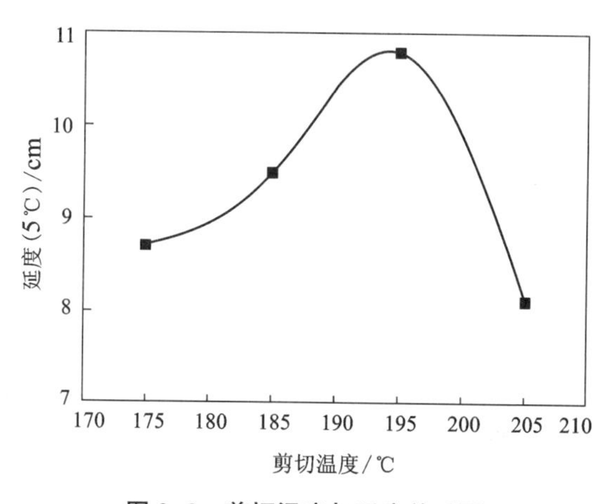

图 2-3　剪切温度与延度关系图

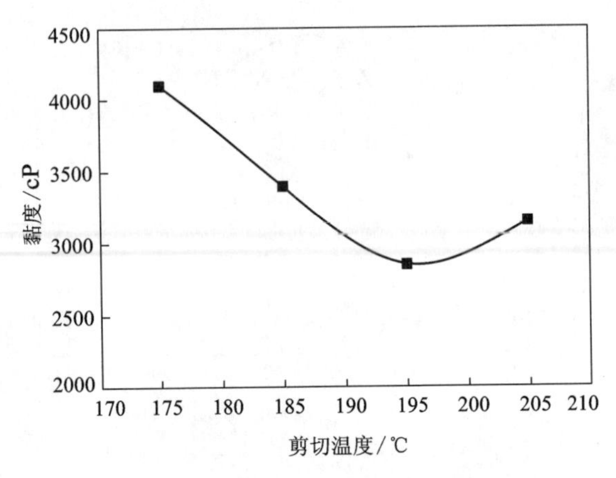

图 2-4 剪切温度与黏度关系图

表 2-17 针入度指标的针入度主体间因子

项目		N^*
剪切温度/℃	175	6
	185	6
	195	6
	205	6

*. N 为主体间因子，后同。

表 2-18 针入度指标的主体间效应检验结果

源	Ⅲ型平方和	*df*	均方	*F*	显著性差异系数
校正模型	179. 362	3	59. 787	22. 575	0. 000
截距	57972. 601	1	57972. 601	30079. 827	0. 000
温度	179. 362	3	59. 787	31. 021	0. 000
误差	23. 128	20	1. 927	—	—
总计	58175. 090	24	—	—	—
校正的总计	202. 489	23	—	—	—

从表2-18可知不同剪切温度下沥青针入度检验统计量概率值为0，远小于0.05，因此不同的剪切温度对裂解-聚合法橡胶颗粒改性沥青25℃针入度产生显著差异。通过最小平方距离法(LSD法)以更进一步检验不同剪切温度对沥青性能指标的影响。

由表2-19可知，175℃对于185℃、195℃、205℃的加工温度制得的沥青的针入度的显著性差异系数均为0，证明它们之间有显著性差异，而185℃对于195℃、205℃，195℃对于205℃的加工温度制得的沥青的针入度的显著性差异系数均在0.05左右，表明它们之间的差异性不显著。195℃裂解-聚合法橡胶颗粒改性沥青的针入度大于175℃、185℃和205℃，表明随着裂解-聚合法橡胶颗粒改性沥青的加工温度由175℃增加到205℃，裂解-聚合法橡胶颗粒改性沥青的针入度有一个先增加后减小的趋势。

表2-19　不同剪切温度下针入度LSD多重比较

(I)温度/℃	(J)温度/℃	平均差(I-J)	标准误差	显著性差异系数	95%的置信区间	
					下限	上限
175.00	185.00	-6.7000*	0.98165	0.000	-8.8388	-4.5612
	195.00	-8.9000*	0.98165	0.000	-11.0388	-6.7612
	205.00	-6.7750*	0.98165	0.000	-8.9138	-4.6362
185.00	175.00	6.7000*	0.98165	0.000	4.5612	8.8388
	195.00	-2.2000*	0.98165	0.045	-4.3388	-0.0612
	205.00	-0.0750	0.98165	0.940	-2.2138	2.0638
195.00	175.00	8.9000*	0.98165	0.000	6.7612	11.0388
	185.00	2.2000*	0.98165	0.045	0.0612	4.3388
	205.00	2.1250	0.98165	0.051	-0.0138	4.2638
205.00	175.00	6.7750*	0.98165	0.000	4.6362	8.9138
	185.00	0.0750	0.98165	0.940	-2.0638	2.2138
	195.00	-2.1250	0.98165	0.051	-4.2638	0.0138

*.均值差的显著性水平为0.05。

(2)不同剪切温度对沥青软化点的影响。

软化点指标主体间因子见表2-20,软化点指标主体间效应检验结果见表2-21。

表2-20　软化点指标主体间因子

项目		N
剪切温度/℃	175	4
	185	4
	195	4
	205	4

表2-21　软化点指标主体间效应检验结果

源	Ⅲ型平方和	df	均方	F	显著性差异系数
校正模型	43.682	3	14.561	6.667	0.007
截距	61491.601	1	61491.601	28156.032	0.000
温度	43.682	3	14.561	6.667	0.007
误差	26.208	12	2.184	—	—
总计	61561.490	16	—	—	—
校正的总计	69.889	15	—	—	—

从表2-21可知不同剪切温度沥青针入度检验统计量概率值为0,远小于0.007,因此裂解-聚合法橡胶颗粒改性沥青的软化点对不同的剪切温度敏感性较强。对不同剪切温度下裂解-聚合法橡胶颗粒改性沥青的软化点进行LSD分析,结果见表2-22。

表2-22　不同剪切温度下软化点LSD多重分析

(I)温度/℃	(J)温度/℃	平均差(I-J)	标准误差	显著性差异系数[b]	差值的95%置信区间[b]	
					下限	上限
175.00	185.00	-0.600	1.045	0.576	-2.877	1.677
	195.00	1.800	1.045	0.111	-0.477	4.077
	205.00	3.625*	1.045	0.005	1.348	5.902

续表2-22

(I)温度/℃	(J)温度/℃	平均差(I-J)	标准误差	显著性差异系数[b]	差值的95%置信区间[b]	
					下限	上限
185.00	175.00	0.600	1.045	0.576	-1.677	2.877
	195.00	2.400*	1.045	0.040	0.123	4.677
	205.00	4.225*	1.045	0.002	1.948	6.502
195.00	175.00	-1.800	1.045	0.111	-4.077	0.477
	185.00	-2.400*	1.045	0.040	-4.677	-0.123
	205.00	1.825	1.045	0.106	-0.452	4.102
205.00	175.00	-3.625*	1.045	0.005	-5.902	-1.348
	185.00	-4.225*	1.045	0.002	-6.502	-1.948
	195.00	-1.825	1.045	0.106	-4.102	0.452

*. 均值差的显著性水平为0.05。

由表2-22可知，205℃对于175℃、185℃、195℃的加工温度制得的沥青的软化点的显著性差异系数分别为0.005、0.002、0.106，这表明205℃相较于175℃、185℃的沥青软化点的差异较显著，但是相较于195℃的软化点，其差异不是很明显。185℃橡胶改性沥青的软化点大于175℃、195℃和205℃，表明随着橡胶改性沥青的加工温度由175℃增加到205℃，橡胶改性沥青的软化点有一个先增加后减小的趋势。

(3)不同剪切温度对沥青延度的影响。

延度指标主体间因子见表2-23，延度指标主体间效应检验结果见表2-24。

表2-23　延度指标主体间因子

项目		N
剪切温度/℃	175	4
	185	4
	195	4
	205	4

表 2-24　延度指标主体间效应检验结果

源	Ⅲ型平方和	df	均方	F	显著性差异系数
校正模型	138.095	3	46.032	19.916	0.000
截距	4108.810	1	4108.810	1777.744	0.000
温度	138.095	3	46.032	19.916	0.000
误差	27.735	12	2.311	—	—
总计	5274.640	16	—	—	—
校正的总计	165.830	15	—	—	—

从表 2-24 可知不同剪切温度沥青延度检验统计量概率值为 0，远小于 0.05，因此不同的剪切温度对橡胶颗粒改性沥青的延度产生显著差异。对橡胶改性沥青不同剪切温度下的软化点进行 LSD 多重比较，结果见表 2-25。

表 2-25　不同剪切温度下延度 LSD 多重比较

(I)温度/℃	(J)温度/℃	平均差(I-J)	标准误差	显著性差异系数	95%置信区间	
					下限	上限
175.00	185.00	-0.825	1.075	0.458	-3.167	1.517
	195.00	-2.075	1.075	0.078	-4.417	0.267
	205.00	5.600*	1.075	0.000	3.258	7.942
185.00	175.00	0.825	1.075	0.458	-1.517	3.167
	195.00	-1.250	1.075	0.268	-3.592	1.092
	205.00	6.425*	1.075	0.000	4.083	8.767
195.00	175.00	2.075	1.075	0.078	-0.267	4.417
	185.00	1.250	1.075	0.268	-1.092	3.592
	205.00	7.675*	1.075	0.000	5.333	10.017
205.00	175.00	-5.600*	1.075	0.000	-7.942	-3.258
	185.00	-6.425*	1.075	0.000	-8.767	-4.083
	195.00	-7.675*	1.075	0.000	-10.017	-5.333

*. 均值差的显著性水平为 0.05。

由表2-25可知，205℃对于175℃、185℃、195℃的加工温度制得的沥青的延度的显著性差异系数为0，这表明205℃相较于175℃、185℃、195℃的沥青延度的差异很显著。195℃相较于175℃、185℃橡胶改性沥青的延度，其显著性差异系数分别为0.078、0.268，差异性不明显。195℃橡胶改性沥青的延度整体大于175℃、185℃和205℃，表明随着橡胶改性沥青的加工温度由175℃增加到205℃，橡胶改性沥青的延度有一个先增加后减小的趋势。

(4)不同剪切温度对沥青黏度的影响。

黏度指标主体间因子见表2-26，黏度指标主体间效应检验结果见表2-27。

表2-26　黏度指标主体间因子

项目		N
剪切温度/℃	175	4
	185	4
	195	4
	205	4

表2-27　黏度指标主体间效应检验结果

源	Ⅲ型平方和	df	均方	F	显著性差异系数
校正模型	16226900.3	3	5408966.778	217.937	0.000
截距	223260000.0	1	223260000.0	8995.534	0.000
温度	16226900.33	3	5408966.778	217.937	0.000
误差	496379.667	20	24818.983	—	—
总计	239983280.0	24	—	—	—
校正的总计	16723280.00	23	—	—	—

从表2-27可知不同剪切温度沥青黏度检验统计量概率值为0，远小于0.05，因此不同剪切温度对橡胶颗粒改性沥青的黏度产生显著差异。对橡胶改性沥青不同剪切温度下的黏度进行LSD多重比较，结果见表2-28。

表 2-28　不同剪切温度下黏度 LSD 多重分析

(*I*)温度/℃	(*J*)温度/℃	平均差(*I*-*J*)	标准误差	显著性差异系数	95%置信区间	
					下限	上限
175.00	185.00	700.167*	102.377	0.000	486.6126	913.7208
	195.00	1250.000*	102.377	0.000	1036.4459	1463.5541
	205.00	949.833*	102.377	0.000	736.2792	1163.3874
185.00	175.00	-700.167*	102.377	0.000	-913.7208	-486.6126
	195.00	549.833*	102.377	0.000	336.2792	763.3874
	205.00	249.667*	102.377	0.024	36.1126	463.2208
195.00	175.00	-1250.000*	102.377	0.000	-1463.5541	-1036.4459
	185.00	-549.833*	102.377	0.000	-763.3874	-336.2792
	205.00	-300.167*	102.377	0.008	-513.7208	-86.6126
205.00	175.00	-949.833*	102.377	0.000	-1163.3874	-736.2792
	185.00	-249.667*	102.377	0.024	-463.2208	-36.1126
	195.00	300.167*	102.377	0.008	86.6126	513.7208

*. 均值差的显著性水平为 0.05。

由表 2-28 可知，205℃对于 175℃、185℃、195℃的加工温度制得的沥青的延度的显著性差异系数分别为 0、0.024、0.008，这表明 205℃相较于 175℃、185℃、195℃的沥青延度的差异很显著。195℃相较于 175℃、185℃橡胶改性沥青的黏度，显著性差异系数均为 0，差异性显著。195℃橡胶改性沥青的黏度均大于 175℃、185℃和 205℃时沥青的黏度，表明随着橡胶改性沥青的加工温度由 175℃增加到 205℃，橡胶改性沥青的黏度有一个先减小后增大的趋势。

由表 2-16～表 2-28 中的数据及图 2-1～图 2-4 中各项指标的对比分析可知：裂解-聚合法橡胶颗粒改性沥青的软化点指标与黏度指标随剪切温度升高呈现先增大后减小的趋势。而针入度与 5℃延度先减小后增大，随着温度超过 185℃，裂解-聚合法橡胶颗粒改性沥青的软化点和黏度指标增幅明显，而其针入度与 5℃延度急剧降低。由此表明，剪切温度小于 185℃时，裂解-聚合法橡胶颗粒改性沥青随剪切温度的升高，沥青与裂解的橡胶颗粒相容越来越好，而当制备温度大于 185℃时，基质沥青温度过高，部分老化裂解的橡胶颗粒也降解严重，导致其各项性能下降，因此推荐裂解-聚合法橡胶颗粒改性沥青的剪切制备温度为 185℃。

2) 剪切速率

不同剪切速率下裂解-聚合法橡胶颗粒改性沥青的试验结果见表 2-29，橡胶颗粒掺量为沥青质量的 20%，剪切温度为 185℃，剪切时间为 60 min。

表 2-29　剪切速率对橡胶颗粒改性沥青性能的影响

剪切速率/($r \cdot min^{-1}$)	3000	4500	6000
针入度(25℃)/0.1 mm	52.5	64.5	68.4
软化点/℃	62.6	61.0	60.5
延度(5℃)/cm	9.8	10.7	8.6
黏度(135℃)/cP	5215	2830	2580

在 3000 r/min、4500 r/min、6000 r/min 三个不同剪切速率下，沥青 25℃ 针入度、软化点、5℃ 延度和黏度的变化如图 2-5～图 2-8 所示。为了更加系统地分析剪切温度对橡胶颗粒改性沥青技术性能的影响，采用 SPSS 统计软件对其进行分析。

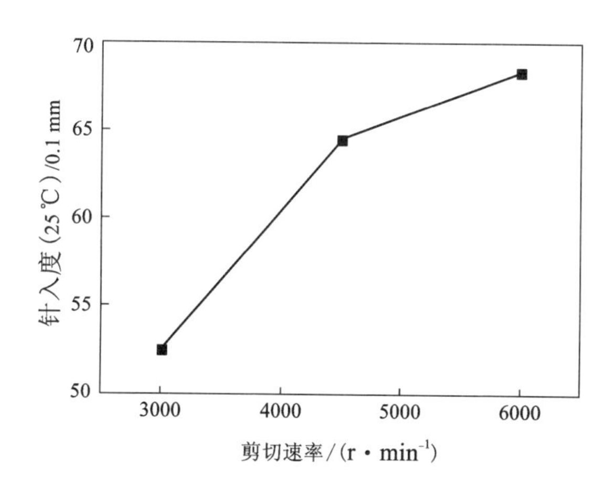

图 2-5　剪切速率与针入度关系图

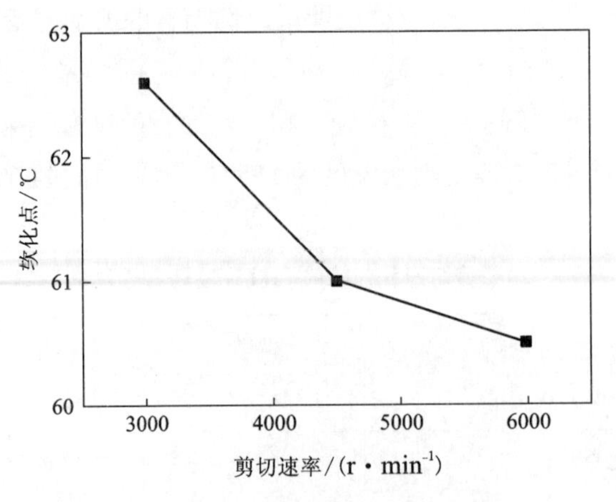

图 2-6　剪切速率与软化点关系图

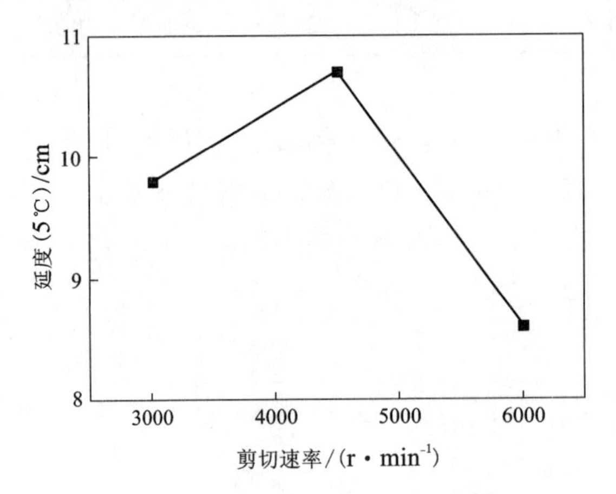

图 2-7　剪切速率与针入度关系图

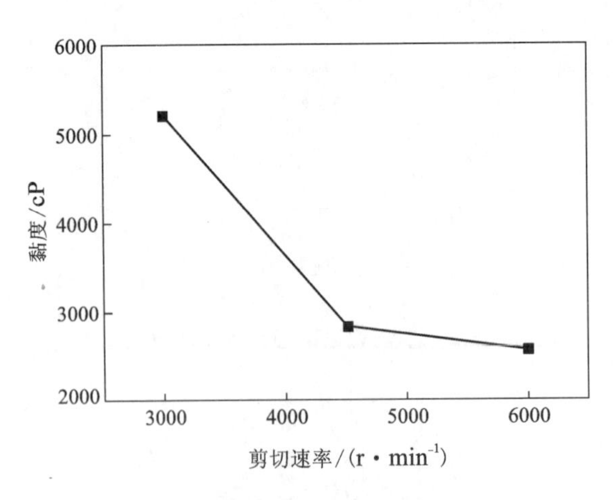

图 2-8　剪切速率与软化点关系图

(1)不同剪切速率对沥青25℃针入度的影响。

针入度指标主体间因子见表2-30，针入度指标主体间效应检验结果见表2-31。

表2-30 针入度指标主体间因子

项目		N
剪切速率/(r·min⁻¹)	3000	4
	4500	4
	6000	4

表2-31 针入度指标主体间效应检验结果

源	Ⅲ类平方和	自由度	均方	F	显著性差异系数
校正的模型	545.647[a]	2	272.823	118.148	0.000
截距	45818.521	1	45818.521	19842.016	0.000
剪切速率	545.647	2	272.823	118.148	0.000
错误	20.782	9	2.309	—	—
总计	46384.950	12	—	—	—
校正后的总变异	566.429	11	—	—	—

a. $R^2=0.963$(调整后的$R^2=0.955$)。

从表2-31可知不同剪切速率沥青针入度检验统计量概率值为0，远小于0.05，因此不同的剪切速率对橡胶颗粒改性沥青的25℃针入度产生显著差异。通过最小平方距离法(LSD法)以更深一步检验不同剪切速率对沥青性能指标的影响。

表2-32 不同剪切速率下针入度LSD多重分析

(I)剪切速率/($r\cdot min^{-1}$)	(J)剪切速率/($r\cdot min^{-1}$)	平均差($I-J$)	标准误差	显著性差异系数	95%置信区间	
					下限	上限
3000.00	4500.00	3.900*	1.075	0.005	1.469	6.331
	6000.00	15.850*	1.075	0.000	13.419	18.281
4500.00	3000.00	-3.900*	1.075	0.005	-6.331	-1.469
	6000.00	11.950*	1.075	0.000	9.519	14.381
6000.00	3000.00	-15.850*	1.075	0.000	-18.281	-13.419
	4500.00	-11.950*	1.075	0.000	-14.381	-9.519

*.均值差的显著性水平为0.05。

由表 2-32 可知，3000 r/min 对于 4500 r/min、6000 r/min 的剪切速率制得的沥青的针入度的显著性差异系数分别为 0.005、0，证明它们之间有显著性差异，6000 r/min 对于 3000 r/min、4500 r/min 的剪切速率制得的沥青的针入度的显著性差异系数均为 0，这也表明速率越大，针入度改变越明显。3000 r/min 制得的橡胶改性沥青的针入度小于 4500 r/min、6000 r/min 制得的沥青的针入度，表明随着橡胶改性沥青的剪切速率由 3000 r/min 增加到 6000 r/min，橡胶改性沥青的针入度呈增加的趋势。

(2)不同剪切速率对沥青软化点的影响。

软化点指标主体间因子见表 2-33，软化点指标主体间效应检验结果见表 2-34。

表 2-33　软化点指标主体间因子

项目		N
剪切速率/($r\cdot min^{-1}$)	3000	4
	4500	4
	6000	4

表 2-34　软化点指标主体间效应检验结果

源	Ⅲ类平方和	自由度	均方	F	显著性差异系数
校正的模型	1.535[a]	2	0.768	0.674	0.534
截距	44688.607	1	44688.607	39248.350	0.000
剪切速率	1.535	2	0.768	0.674	0.534
错误	10.248	9	1.139	—	—
总计	44700.390	12	—	—	—
校正后的总变异	11.783	11	—	—	—

a. $R^2=0.130$(调整后的 $R^2=-0.063$)。

从表 2-34 可知不同剪切速率沥青软化点检验统计量概率值为 0，远小于 0.05，因此不同的剪切速率对橡胶颗粒改性沥青的软化点产生显著差异。对橡胶改性沥青不同剪切速率下的软化点进行 LSD 多重比较，结果见表 2-35。

表2-35　不同剪切速率下软化点LSD多重分析

(I)剪切速率/(r·min⁻¹)	(J)剪切速率/(r·min⁻¹)	平均差(I-J)	标准误差	显著性差异系数	95%置信区间	
					下限	上限
3000.00	4500.00	0.400	0.755	0.609	-1.307	2.107
	6000.00	-0.475	0.755	0.545	-2.182	1.232
4500.00	3000.00	-0.400	0.755	0.609	-2.107	1.307
	6000.00	-0.875	0.755	0.276	-2.582	0.832
6000.00	3000.00	0.475	0.755	0.545	-1.232	2.182
	4500.00	0.875	0.755	0.276	-0.832	2.582

由表2-35可知，3000 r/min对于4500 r/min、6000 r/min的剪切速率制得的沥青的针入度的显著性差异系数分别为0.609、0.545，证明它们之间没有显著性差异，6000 r/min对于3000 r/min、4500 r/min的剪切速率制得的沥青的针入度的显著性差异系数分别为0.545、0.276。这表明速率对其软化点影响不显著。3000 r/min制得的橡胶改性沥青的软化点大于4500 r/min、6000 r/min制得的沥青的软化点，表明随着橡胶改性沥青的剪切速率由3000 r/min增加到6000 r/min，橡胶改性沥青的软化点呈减小的趋势。

(3)不同剪切速率对沥青延度影响。

延度指标主体间因子见表2-36，延度指标主体间效应检验结果见表2-37。

从表2-37可知不同剪切速率沥青延度检验统计量概率值为0，远小于0.05，因此不同的剪切速率对橡胶颗粒改性沥青的延度产生显著差异。对橡胶改性沥青不同剪切速率下的延度进行LSD多重比较，结果见表2-38。

表2-36　延度指标主体间因子

项目		N
剪切速率/(r·min⁻¹)	3000	4
	4500	4
	6000	4

表 2-37　延度指标主体间效应检验结果

源	Ⅲ类平方和	自由度	均方	F	显著性差异系数
校正的模型	208.985[a]	2	104.492	123.782	0.000
截距	2967.307	1	2967.307	3515.073	0.000
剪切速率	208.985	2	104.492	123.782	0.000
错误	7.598	9	0.844	—	—
总计	3183.890	12	—	—	—
校正后的总变异	216.582	11	—	—	—

a. R^2 = 0.965（调整后的 R^2 = 0.957）。

表 2-38　不同剪切速率下延度 LSD 多重分析

(I)剪切速率/(r·min^{-1})	(J)剪切速率/(r·min^{-1})	平均差(I-J)	标准误差	显著性差异系数	95%置信区间	
					下限	上限
3000.00	4500.00	-0.250	0.650	0.709	-1.720	1.220
	6000.00	8.725*	0.650	0.000	7.255	10.195
4500.00	3000.00	0.250	0.650	0.709	-1.220	1.720
	6000.00	8.975*	0.650	0.000	7.505	10.445
6000.00	3000.00	-8.725*	0.650	0.000	-10.195	-7.255
	4500.00	-8.975*	0.650	0.000	-10.445	-7.505

*. 均值差的显著性水平为 0.05。

由表 2-38 可知，6000 r/min 对于 3000 r/min、4500 r/min 的剪切速率制得的沥青的延度的显著性差异系数均为 0，证明它们之间有很显著的差异，3000 r/min 对于 4500 r/min 的剪切速率制得的沥青的延度的显著性差异系数为 0.709。这表明剪切速率越大，其对橡胶改性沥青延度的影响越显著。4500 r/min 制得的橡胶改性沥青的延度大于 3000 r/min、6000 r/min 制得的沥青的延度，表明随着橡胶改性沥青的剪切速率由 3000 r/min 增加到 6000 r/min，橡胶改性沥青的软化点有一个先增加后减小的趋势。

（4）不同剪切速率对沥青黏度的影响。

黏度指标主体间因子见表 2-39，黏度指标主体间效应检验结果见表 2-40。

表 2-39　黏度指标主体间因子

项目		N
剪切速率/(r・min⁻¹)	3000	6
	4500	6
	6000	6

表 2-40　黏度指标主体间效应检验

源	Ⅲ类平方和	自由度	均方	F	显著性差异系数
校正的模型	25396517.444[a]	2	12698258.722	245.151	0.000
截距	225745834.722	1	225745834.722	4358.214	0.000
温度	25396517.444	2	12698258.722	245.151	0.000
错误	776966.833	15	51797.789	—	—
总计	251919319.000	18	—	—	—
校正后的总变异	26173484.278	17	—	—	—

a. $R^2=0.970$(调整后的 $R^2=0.966$)。

从表 2-40 可知不同剪切速率沥青黏度检验统计量概率值为 0，远小于 0.05，因此不同的剪切速率对橡胶颗粒改性沥青的黏度产生显著差异。对橡胶改性沥青不同剪切速率下的延度进行 LSD 多重比较，结果见表 2-41。

表 2-41　不同剪切速率下黏度 LSD 多重分析

(I)剪切速率/(r·min⁻¹)	(J)剪切速率/(r·min⁻¹)	平均差(I-J)	标准误差	显著性差异系数	95%置信区间	
					下限	上限
3000.00	4500.00	2385.333*	131.400	0.000	2105.261	2665.406
	6000.00	2635.500*	131.400	0.000	2355.428	2915.572
4500.00	3000.00	-2385.333*	131.400	0.000	-2665.406	-2105.261
	6000.00	250.167	131.400	0.076	-29.906	530.239
6000.00	3000.00	-2635.500*	131.400	0.000	-2915.572	-2355.428
	4500.00	-250.167	131.400	0.076	-530.239	29.906

*. 均值差的显著性水平为 0.05。

由表2-41可知，6000 r/min对于3000 r/min、4500 r/min的剪切速率制得的沥青的黏度的显著性差异系数分别为0、0.076，3000 r/min对于4500 r/min的剪切速率制得的沥青的黏度的显著性差异系数为0。这表明剪切速率越大，其对橡胶改性沥青黏度的影响越不显著。3000 r/min制得的橡胶改性沥青的黏度大于4500 r/min、6000 r/min制得的沥青的黏度，表明随着橡胶改性沥青的剪切速率由3000 r/min增加到6000 r/min，橡胶改性沥青的黏度呈减小的趋势。

由表2-29~表2-41中数据和图2-5~图2-8中各项指标的对比分析可知：裂解-聚合法橡胶颗粒改性沥青的软化点指标与黏度指标随剪切速率升高呈减小趋势，而针入度指标呈现增大趋势，5℃延度先增大后减小，随着剪切速率超过6000 r/min，裂解-聚合法橡胶颗粒改性沥青的软化点和黏度指标增幅不大，而其5℃延度指标减小幅度也不大，趋于平缓。由此表明，制备的剪切速率越高，裂解的橡胶颗粒分散越均匀，但速率过高，裂解的橡胶颗粒降解严重，不利于沥青性能的改善，综合各项性能，裂解-聚合法橡胶颗粒改性沥青的剪切速率应在4500 r/min左右。

3)剪切时间

在橡胶颗粒掺量、剪切温度及速率不变的条件下制备试样，考察剪切时间对改性沥青性能的影响，结果见表2-42，橡胶颗粒掺量为沥青质量的20%，剪切温度为185℃，剪切速率为4500 r/min。

表2-42　剪切时间对裂解-聚合法橡胶颗粒改性沥青性能的影响

剪切时间/min	30	60	90	120
针入度(25℃)/0.1 mm	89.6	65.8	63.5	54.3
软化点/℃	61.5	60.5	59.6	60.5
延度(5℃)/cm	11.6	10.5	9.3	8.8
黏度(135℃)/cP	1820	2450	2800	4250

在30 min、60 min、90 min以及120 min四个不同剪切时间下，其25℃针入度、软化点、5℃延度以及黏度等变化均较大，如图2-9~图2-12所示。为了更加系统地分析剪切时间对橡胶颗粒改性沥青技术性能的影响，采用SPSS统计软件对其进行分析。

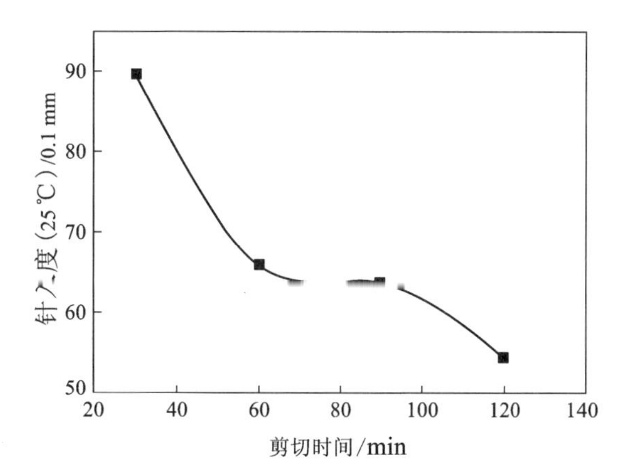

图 2-9　剪切时间与针入度关系图

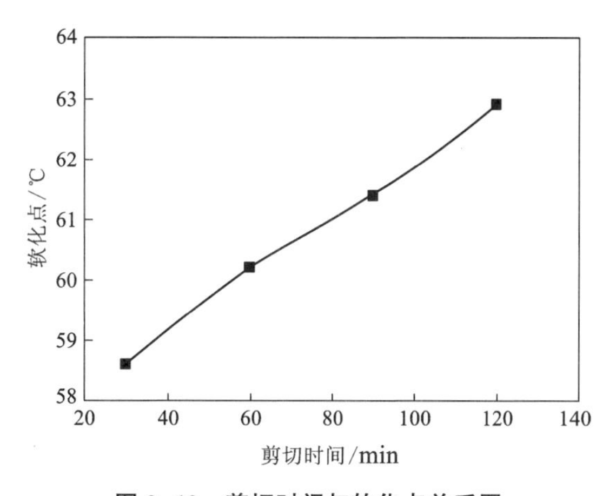

图 2-10　剪切时间与软化点关系图

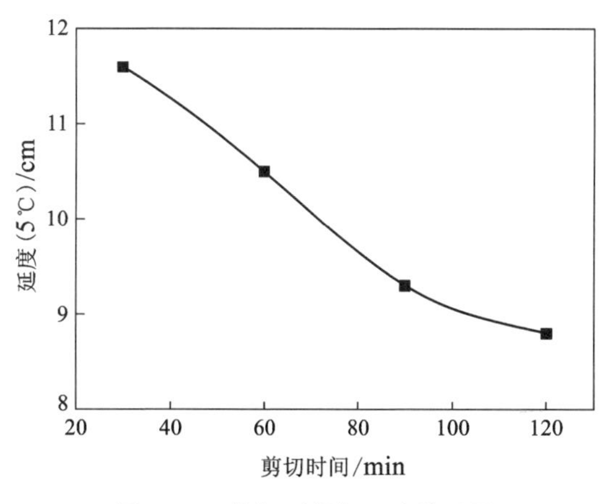

图 2-11　剪切时间与延度关系图

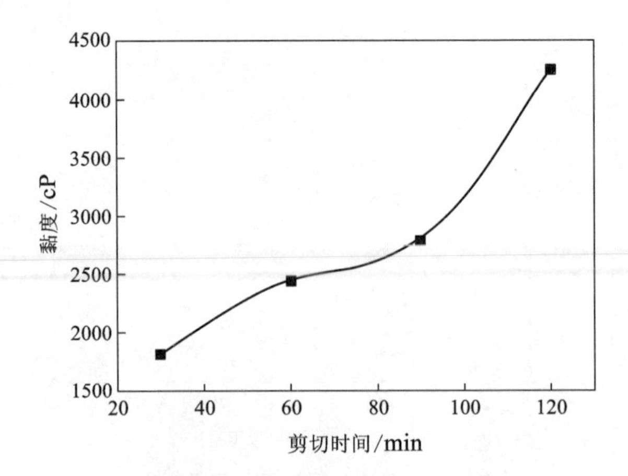

图 2-12　剪切时间与黏度关系图

(1)不同剪切时间对沥青 25℃针入度影响。

针入度指标主体间因子见表 2-43，针入度指标主体间效应检验结果见表 2-44。

表 2-43　针入度指标主体间因子

项目		N
剪切时间/min	30	4
	60	4
	90	4
	120	4

表 2-44　针入度指标主体间效应检验结果

源	Ⅲ类平方和	自由度	均方	F	显著性差异系数
校正的模型	2712.623[a]	3	904.208	576.694	0.000
截距	74665.562	1	74665.562	47620.874	0.000
剪切时间	2712.623	3	904.208	576.694	0.000
错误	18.815	12	1.568	—	—
总计	77397.000	16	—	—	—
校正后的总变异	2731.438	15	—	—	—

a. $R^2=0.993$(调整后的 $R^2=0.991$)。

从表 2-44 可知不同剪切时间沥青针入度检验统计量概率值为 0，远小于 0.05，因此不同的剪切时间对橡胶颗粒改性沥青的 25℃针入度产生显著差异。通过最小平方距离法（LSD 法）以更进一步检验不同剪切时间对沥青性能指标的影响。

表 2-45　不同剪切时间下针入度 LSD 多重分析

(*I*) 剪切时间 /min	(*J*) 剪切时间 /min	平均差 (*I*-*J*)	标准误差	显著性 差异系数	95%置信区间	
					下限	上限
30.00	60.00	23.775*	0.885	0.000	21.846	25.704
	90.00	26.100*	0.885	0.000	24.171	28.029
	120.00	35.275*	0.885	0.000	33.346	37.204
60.00	30.00	-23.775*	0.885	0.000	-25.704	-21.846
	90.00	2.325*	0.885	0.022	0.396	4.254
	120.00	11.500*	0.885	0.000	9.571	13.429
90.00	30.00	-26.100*	0.885	0.000	-28.029	-24.171
	60.00	-2.325*	0.885	0.022	-4.254	-0.396
	120.00	9.175*	0.885	0.000	7.246	11.104
120.00	30.00	-35.275*	0.885	0.000	-37.204	-33.346
	60.00	-11.500*	0.885	0.000	-13.429	-9.571
	90.00	-9.175*	0.885	0.000	-11.104	-7.246

*. 均值差的显著性水平为 0.05。

由表 2-45 可知，30 min 的剪切时间对于 60 min、90 min、120 min 的剪切时间制得的沥青的针入度的显著性差异系数均为 0，证明它们之间有显著性差异，而 60 min 对于 90 min、120 min 的剪切时间制得的沥青的针入度的显著性差异系数分别为 0.022、0，均小于 0.05，表明其差异性较显著，且 60 min 对于 90 min 的剪切时间制得的沥青，其针入度差异显著最低。由此表明随着橡胶改性沥青的剪切时间由 30 min 增加到 120 min，橡胶改性沥青的针入度呈减小趋势，且减小幅度先增大后减小。

(2)不同剪切时间对沥青软化点影响。

软化点指标主体间因子见表 2-46，软化点指标主体间效应检验结果见表 2-47。

表 2-46　软化点指标主体间因子

项目		N
剪切时间/min	30	4
	60	4
	90	4
	120	4

表 2-47　软化点指标主体间效应检验结果

源	Ⅲ类平方和	自由度	均方	F	显著性差异系数
校正的模型	7. 237a	3	2. 412	0. 486	0. 698
截距	58600. 306	1	58600. 306	11813. 089	0. 000
剪切时间	7. 237	3	2. 412	0. 486	0. 698
错误	59. 528	12	4. 961	—	—
总计	58667. 070	16	—	—	—
校正后的总变异	66. 764	15	—	—	—

a. R^2 = 0. 108(调整后的 R^2 = -0. 115)。

从表 2-47 可知不同剪切时间沥青针入度检验统计量概率值为 0，远小于 0. 007，因此不同的剪切时间对橡胶颗粒改性沥青的软化点产生显著差异。对橡胶改性沥青不同剪切时间下的软化点进行 LSD 多重比较，结果见表 2-48。

由表 2-48 可知，30 min 的剪切时间对于 60 min、90 min、120 min 的剪切时间制得的沥青的软化点的显著性差异系数都远远大于 0. 05，证明它们之间没有显著性差异，60 min 对于 90 min、120 min 的剪切时间制得的沥青的软化点的显著性差异系数也均大于 0. 05。表明其差异性不显著。由此表明随着橡胶改性沥青的剪切时间由 30 min 增加到 120 min，橡胶改性沥青的软化点呈增大趋势，但是变化不明显。

表 2-48　不同剪切时间下软化点 LSD 多重分析

(I)剪切时间/min	(J)剪切时间/min	平均差(I-J)	标准误差	显著性差异系数	95%置信区间	
					下限	上限
30.00	60.00	1.025	1.575	0.527	-2.406	4.456
	90.00	1.900	1.575	0.251	-1.531	5.331
	120.00	1.000	1.575	0.537	-2.431	4.431
60.00	30.00	-1.025	1.575	0.527	-4.456	2.406
	90.00	0.875	1.575	0.589	-2.556	4.306
	120.00	-0.025	1.575	0.988	-3.456	3.406
90.00	30.00	-1.900	1.575	0.251	-5.331	1.531
	60.00	-0.875	1.575	0.589	-4.306	2.556
	120.00	-0.900	1.575	0.578	-4.331	2.531
120.00	30.00	-1.000	1.575	0.537	-4.431	2.431
	60.00	0.025	1.575	0.988	-3.406	3.456
	90.00	0.900	1.575	0.578	-2.531	4.331

(3)不同剪切时间对沥青延度影响。

延度指标主体间因子见表 2-49，延度指标主体间效应检验结果见表 2-50。

表 2-49　延度指标主体间因子

项目		N
剪切时间/min	30	4
	60	4
	90	4
	120	4

表 2-50　延度指标主体间效应检验结果

源	Ⅲ类平方和	自由度	均方	F	显著性差异系数
校正的模型	300.012[a]	3	100.004	36.492	0.000
截距	4921.023	1	4921.023	1795.721	0.000
剪切时间	300.012	3	100.004	36.492	0.000
错误	32.885	12	2.740	—	—
总计	5253.920	16	—	—	—
校正后的总变异	332.898	15	—	—	—

a. $R^2=0.901$(调整后的 $R^2=0.877$)。

从表 2-50 可知不同剪切时间沥青针入度检验统计量概率值为 0，远小于 0.05，因此不同的剪切时间对橡胶颗粒改性沥青的延度产生显著差异。对橡胶改性沥青不同剪切时间下的延度进行 LSD 多重比较，结果见表 2-51。

表 2-51　不同剪切温度下延度 LSD 多重分析

(I)剪切时间/min	(J)剪切时间/min	平均差($I-J$)	标准误差	显著性差异系数	95%置信区间	
					下限	上限
30.00	60.00	3.175*	1.171	0.019	0.625	5.725
	90.00	5.350*	1.171	0.001	2.800	7.900
	120.00	11.825*	1.171	0.000	9.275	14.375
60.00	30.00	-3.175*	1.171	0.019	-5.725	-0.625
	90.00	2.175	1.171	0.088	-0.375	4.725
	120.00	8.650*	1.171	0.000	6.100	11.200
90.00	30.00	-5.350*	1.171	0.001	-7.900	-2.800
	60.00	-2.175	1.171	0.088	-4.725	0.375
	120.00	6.475*	1.171	0.000	3.925	9.025
120.00	30.00	-11.825*	1.171	0.000	-14.375	-9.275
	60.00	-8.650*	1.171	0.000	-11.200	-6.100
	90.00	-6.475*	1.171	0.000	-9.025	-3.925

*. 均值差的显著性水平为 0.05。

由表 2-51 可知，30 min 的剪切时间对于 60 min、90 min、120 min 的剪切时间制得的沥青的延度的显著性差异系数分别为 0.019、0.001、0，证明它们之间有显著性差异，而 60 min 对于 90 min、120 min 的剪切时间制得的沥青的延度的显著性差异系数分别为 0.088、0，表明 60 min 对于 90 min 的剪切时间制得的沥青的延度影响不显著，90 min 对于 120 min 的剪切时间制得的沥青的延度的显著性差异系数为 0，表明其差异性比较显著。随着橡胶改性沥青的剪切时间由 30 min 增加到 120 min，橡胶改性沥青的延度呈减小趋势。

(4)不同剪切时间对沥青黏度的影响。

黏度指标主体间因子见表 2-52，黏度指标主体间效应检验结果见表 2-53。

表 2-52　黏度指标主体间因子

项目		N
剪切时间/min	30	4
	60	4
	90	4
	120	4

表 2-53　黏度指标主体间效应检验结果

源	Ⅲ类平方和	自由度	均方	F	显著性差异系数
校正的模型	19090360.833[a]	3	6363453.611	78.987	0.000
截距	192224920.167	1	192224920.167	2386.007	0.000
剪切时间	19090360.833	3	6363453.611	78.987	0.000
错误	1611269.000	20	80563.450	—	—
总计	212926550.000	24	—	—	—
校正后的总变异	20701629.833	23	—	—	—

a. R^2 = 0.922(调整后的 R^2 = 0.910)。

从表 2-53 可知不同剪切时间沥青黏度检验统计量概率值为 0，远小于 0.05，因此不同的剪切温度对橡胶颗粒改性沥青的黏度产生显著差异。

表 2-54　不同剪切温度下黏度 LSD 多重分析

(I)剪切时间/min	(J)剪切时间/min	平均差(I-J)	标准误差	显著性差异系数	95%置信区间	
					下限	上限
30.00	60.00	-629.500*	163.873	0.001	-971.334	-287.666
	90.00	-979.667*	163.873	0.000	-1321.501	-637.833
	120.00	-2429.833*	163.873	0.000	-2771.667	-2087.999
60.00	30.00	629.500*	163.873	0.001	287.666	971.334
	90.00	-350.167*	163.873	0.045	-692.001	-8.333
	120.00	-1800.333*	163.873	0.000	-2142.167	-1458.499
90.00	30.00	979.667*	163.873	0.000	637.833	1321.501
	60.00	350.167*	163.873	0.045	8.333	692.001
	120.00	-1450.167*	163.873	0.000	-1792.001	-1108.333
120.00	30.00	2429.833*	163.873	0.000	2087.999	2771.667
	60.00	1800.333*	163.873	0.000	1458.499	2142.167
	90.00	1450.167*	163.873	0.000	1108.333	1792.001

*. 均值差的显著性水平为 0.05。

由表 2-54 可知，30 min 的剪切时间对于 60 min、90 min、120 min 的剪切时间制得的沥青的黏度的显著性差异系数分别为 0.001、0、0，证明它们之间有显著性差异，而 60 min 对于 90 min、120 min 的剪切时间制得的沥青的黏度的显著性差异系数分别为 0.045、0，表明 60 min 对于 90 min 的剪切时间制得的沥青的黏度虽然有显著差异，但相较于 120 min 剪切时间制得的沥青，其差异性有较大区别，90 min 对于 120 min 的剪切时间制得的沥青的黏度的显著性差异系数为 0，表明其差异性比较显著。随着橡胶改性沥青的剪切时间由 30 min 增加到 120 min，橡胶改性沥青的黏度呈增大趋势。

由表2-42~表2-54中数据及图2-9~图2-12中各项指标的对比分析可知：裂解-聚合法橡胶颗粒改性沥青的软化点指标与黏度指标随剪切时间增大呈现增大的趋势，而针入度与5℃延度表现出减小的趋势。主要是剪切时间越长，裂解的橡胶颗粒和沥青之间形成的均相体系越完整，因此其各项性能也有较大改善，但当剪切时间大于90 min后，裂解-聚合法橡胶颗粒改性沥青的各项指标变化幅度较小，趋于平缓，说明剪切时间也不能无休止延长，而剪切时间过短，沥青各项性能又较差，因此综合考量，以60 min作为裂解-聚合法橡胶颗粒改性沥青的制备剪切时间。

2.4.3　制备工艺及控制参数

在制备橡胶改性沥青工艺中，不同剪切温度、速率、时间以及裂解橡胶颗粒的掺量都直接决定着裂解-聚合法橡胶颗粒改性沥青的各项性能。剪切温度与裂解橡胶颗粒在沥青中的分散程度有较大关系，而剪切速率对其能否在沥青中形成稳定体系有必然影响，剪切时间长短直接影响着橡胶颗粒的降解程度。因此，通过对不同影响因素对裂解-聚合法橡胶颗粒改性沥青性能的影响进行综合分析，初步确定试验室内配方设计工艺参数及制备流程如下：

将基质沥青加热到165℃后，加入重塑后的橡胶颗粒，此时温度下降，剪切并升温到180℃并保持，加入聚合改性剂后，以4500 r/min的剪切速率剪切，直到分散均匀反应充分即可制得橡胶改性沥青，整个时间约为60 min。

2.5　小结

(1)大部分橡胶沥青、橡胶改性沥青以及干拌法的橡胶改性沥青混凝土，均采用不同目数的橡胶粉为原材料。橡胶粉的粗细会影响产品的性能指标，尤其是干拌法的橡胶改性沥青混凝土，还需要对不同粗细的橡胶粉进行一定的级配调整，以更好地发挥橡胶粉在沥青混凝土中的填充作用。

(2)对不同来源不同目数的橡胶粉进行分析，这些橡胶粉用于改性沥青有各自的特点，但是仍然存在容易飘尘、易浮于沥青表面而难以搅拌均匀、改性沥青系统黏度较大等缺点，而新型橡胶颗粒的应用，能在不影响性能指标的前提下解决这些问题。

(3)裂解-聚合法橡胶颗粒改性沥青推荐的配方设计工艺参数及制备流程为：将基质沥青加热到185℃后，加入橡胶颗粒，剪切并继续升温到185℃并保持，待橡胶颗粒充分分散且温度达到要求后，加入聚合改性剂，以4500 r/min的速率剪切直到分散均匀并反应充分即可制得裂解-聚合法橡胶颗粒改性沥青，整个过程控制在60 min。

(4)剪切温度、剪切速率、剪切时间和橡胶粉的掺量都影响橡胶改性沥青的性能。剪切温度过低，橡胶粉黏度大，橡胶粉在沥青中分散效果不好；温度过高则沥青易老化，影响沥青性能；而剪切速率过低，橡胶颗粒细化慢，不易形成稳定的橡胶改性沥青体系；剪切时间短，橡胶粉分散效果不好，剪切时间过长时，橡胶粉易发生降解，降低沥青的使用性能。

第 3 章　裂解-聚合法橡胶颗粒改性沥青性能研究

橡胶颗粒与常用橡胶粉相比有明显不同，上一章节针对裂解-聚合法橡胶颗粒改性沥青配方工艺进行了室内试验研究，包括剪切温度、剪切速率、剪切时间的选择，初步确定了裂解-聚合法橡胶颗粒改性沥青的制备工艺和控制参数。在统一的制备工艺和控制参数下，对裂解-聚合法橡胶颗粒改性沥青性能进行进一步研究和优化，研究裂解-聚合法橡胶颗粒改性沥青的性能。

3.1　橡胶改性沥青常规性能研究

将裂解的橡胶颗粒（自主开发，以下简称“颗粒”）与不同粒度普通橡胶粉（40 目、60 目、80 目）加入 HXL90#基质沥青并制得橡胶改性沥青样品，对其各项性能指标进行平行对比试验检测。选用针入度、软化点、延度等指标评价其性能。

3.1.1　针入度

表 3-1 为 HXL90#基质沥青加入不同粒度、不同掺量的橡胶改性沥青后分别在 15℃、25℃、30℃时的针入度试验结果。

表 3-1　不同粒度、不同掺量的橡胶改性沥青针入度

温度/℃	HXL 90#	40 目 15%	40 目 20%	40 目 25%	60 目 15%	60 目 20%	60 目 25%	80 目 15%	80 目 20%	80 目 25%	裂解颗粒 15%	裂解颗粒 20%	裂解颗粒 25%
15	42	19	21	28	20	22	25	16	20	24	19	21	26
25	88	61	63	69	60	61	64	62	64	67	62	63	65
30	127	89	105	111	99	105	113	94	102	113	92	103	110

根据表 3-1 中数据及不同温度、不同掺量下不同橡胶改性沥青与裂解-聚合法橡胶颗粒改性沥青的针入度对比图(图 3-1)，经过分析可以得出以下结论。

(1)在相同温度下，不管是掺加普通各种粒度的橡胶粉还是裂解后的橡胶颗粒，沥青的针入度均表现出下降趋势，即废橡胶粉的加入，使得整个改性沥青体系变稠。

(2)在同一个温度下，随着同一目数橡胶粉掺量的增加，橡胶改性沥青的针入度虽变化不是很明显，但在不同程度上均有所增加，当橡胶掺量或裂解橡胶颗粒从 15%增加到 20%时，不同粒度橡胶改性沥青以及裂解-聚合法橡胶颗粒改性沥青的针入度变化比较明显，但是当橡胶掺量从 20%增加到 25%时，不同粒度橡胶改性沥青以及裂解-聚合法橡胶颗粒改性沥青的针入度变化已不太显著，从针入度来看，橡胶颗粒的最佳掺量为 20%。

(3)同一温度、同一掺量下，裂解-聚合法橡胶颗粒改性沥青的针入度较橡胶改性沥青的针入度稍有减小。

(4)在同一温度下，随着橡胶粉粒度的变化，其针入度变化不大，因此橡胶粉粒度对其针入度没有多大影响。

3.1.2　软化点

一般采用软化点和 60℃黏度作为评价沥青高温性能的指标[50]，本书中采用软化点来评价沥青改性前后的高温性能。表 3-2 为 HXL90#基质沥青加入不同粒度、不同掺量的橡胶改性沥青后的软化点结果。

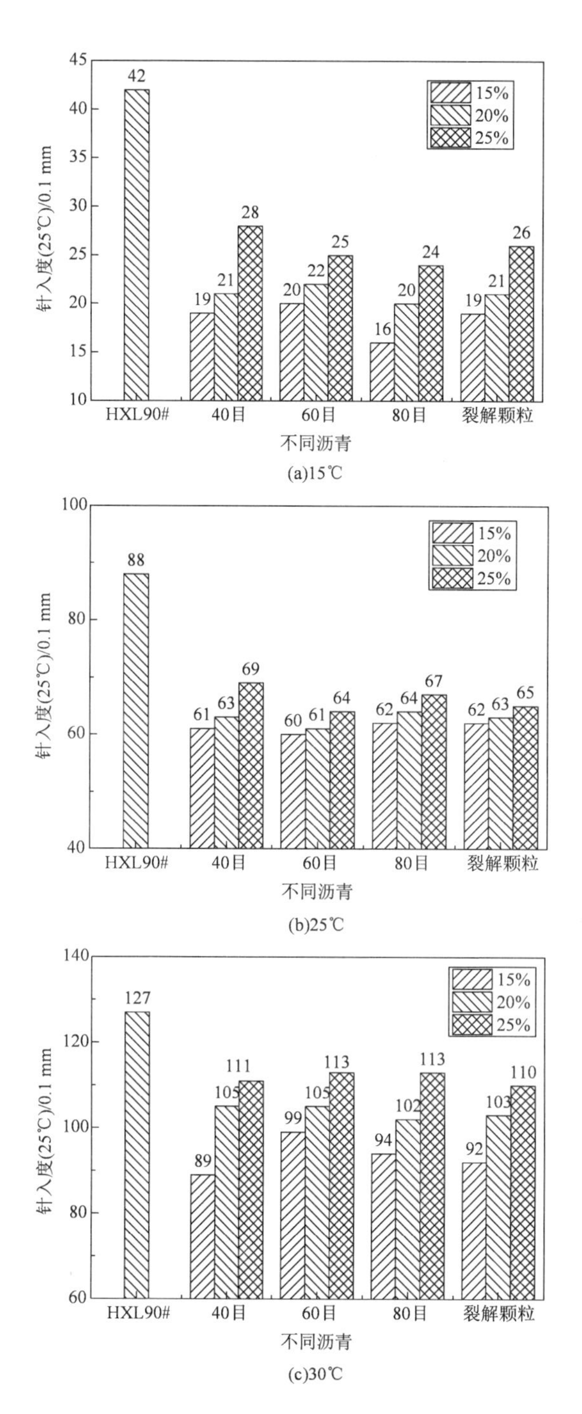

(a)15℃

(b)25℃

(c)30℃

图 3-1　不同温度不同掺量下不同橡胶粉针入度对比

表 3-2　裂解-聚合法橡胶颗粒改性沥青的软化点结果　　单位：℃

橡胶粉粒度	HXL90#	15%	20%	25%
40 目	46	53.3	54.2	56.4
60 目	46	52.8	55.6	56.7
80 目	46	53.4	54.5	54.8
裂解颗粒	46	54.4	55.8	58.0

由表 3-2 可知，裂解橡胶颗粒的掺入改善了沥青的高温性能，并且随着裂解的橡胶颗粒的掺量增加，其软化点逐渐增大，橡胶粉目数越大，沥青软化点变化幅度越不明显。图 3-2 为不同掺量不同目数橡胶粉软化点对比图。

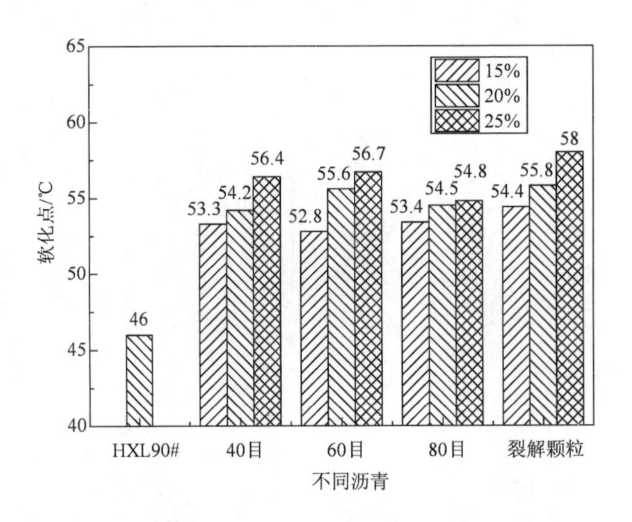

图 3-2　不同掺量不同目数橡胶粉软化点对比图

考虑到不同掺量橡胶改性沥青的针入度与软化点指标，橡胶粉掺量为 20%的沥青与橡胶粉掺量为 25%的沥青相比，其针入度与软化点没有显著差别，而相较于 15%掺量的沥青，其相应指标差异比较明显，因此橡胶粉掺量推荐采用 20%。

在 20%的橡胶粉掺量下，裂解-聚合法橡胶颗粒改性沥青的软化点相较于 40 目、60 目、80 目的橡胶改性沥青分别提高了 2.9%、1.0%、0.5%，由此表明裂解-聚合法橡胶颗粒对沥青的软化点提升最明显，40 目次之，80 目的橡胶粉对沥青的软化点提高最不明显，因此随着目数越来越大，沥青的软化点呈减小的趋势。

3.1.3　延度

橡胶沥青、裂解-聚合法橡胶颗粒改性沥青以及SBS改性沥青在低温延度试验中的拉断形式有明显的不同[51]。SBS改性沥青在拉断时的破坏形式一般是脆性破坏，拉断的表面相对较为光滑；而橡胶沥青的拉断形式是明显的撕拉破坏；裂解-聚合法橡胶颗粒改性沥青的破坏介于两者之间，但不是脆性破坏，因此其断裂面不平整，但其破坏面比普通橡胶改性沥青的破坏面光滑许多。裂解-聚合法橡胶颗粒改性沥青中橡胶颗粒比橡胶改性沥青中的橡胶颗粒更细，所以既不像SBS改性沥青那样光滑的脆性拉断，也不像橡胶改性沥青那样参差不齐。

掺加不同橡胶粉及裂解橡胶颗粒的沥青的延度试验结果见表3-3、图3-3。

表3-3　不同掺量和粒度的橡胶颗粒改性沥青5℃延度试验结果　单位：cm

橡胶粉粒度	橡胶粉添加方式	HXL90#	15%	20%	25%
40目橡胶沥青	直接加入	8.1	13.6	19.3	24.2
60目橡胶沥青			14.7	18.5	25.3
80目橡胶沥青			14.4	19.6	25.1
40目橡胶改性沥青	研磨		8.9	9.3	9.5
60目橡胶改性沥青			9.3	9.5	9.7
80目橡胶改性沥青			9.1	9.5	9.8
裂解的橡胶颗粒			16.7	24.8	27.4

(1)由图3-3可知，掺加橡胶后，不管哪种改性方式都会使沥青的延度得到明显改善，且掺加的橡胶粉或裂解橡胶颗粒越多，其延度增加幅度越大，所以橡胶粉对沥青的低温抗裂性能有明显改善。

(2)研磨后的橡胶颗粒改性沥青，其延度优于基质沥青，但掺量对其变化的幅度影响较小，当掺量达到15%以上时，其延度似乎并不随着掺量的变化而像橡胶沥青一样得到大幅的改善，而是几乎保持一个较为稳定的数值。这主要是橡胶改性沥青的加工方法决定的，橡胶颗粒通过研磨后，已经基本上达到一个稳定的粒度范围，其低温延度的破坏形式更加接近于SBS改性沥青的脆性变化，断面光滑，而随着掺量的增加橡胶粉虽然对断面也会产生影响，但并不如橡胶改性沥青

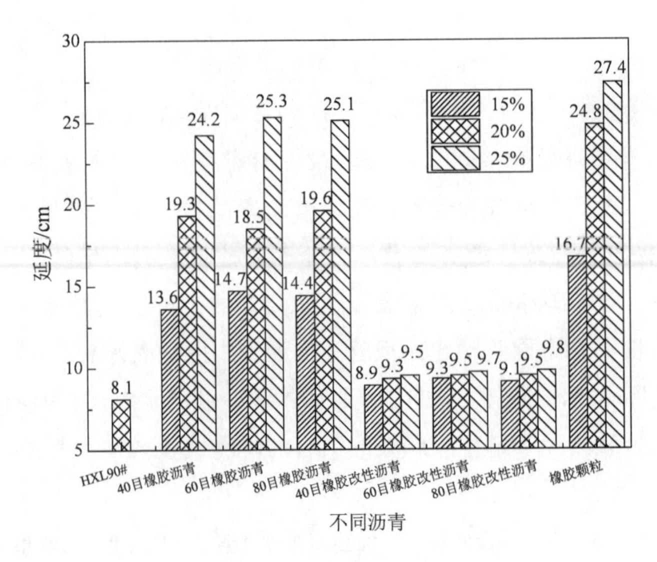

图 3-3　不同掺量和粒度的橡胶颗粒改性沥青延度对比图

那样受搅拌型粗颗粒的影响大。

(3)在同一橡胶掺量下，随着橡胶目数的增大，不同橡胶改性沥青的延度基本没有太大变化，证明橡胶粉的粒度对橡胶改性沥青的延度影响较小。

(4)掺加新型橡胶颗粒的改性沥青，其延度较其他改性沥青显著增大，且随着橡胶颗粒掺量的增大，其延度呈增大趋势，由此表明裂解-聚合法橡胶颗粒改性沥青的低温性能非常优异。

3.1.4　弹性恢复

目前评价改性沥青的弹性恢复性能普遍采用弹性恢复指标，其试验结果如表 3-4 及图 3-4 所示。

表 3-4　裂解-聚合法橡胶颗粒改性沥青弹性恢复试验结果　　单位：%

橡胶粉粒度	HXL90#	15%	20%	25%
40 目	13.2	54.6	63.8	72.8
60 目		57.3	61.2	76.7
80 目		51.5	65.4	70.9
橡胶颗粒		54.4	63.4	73.8

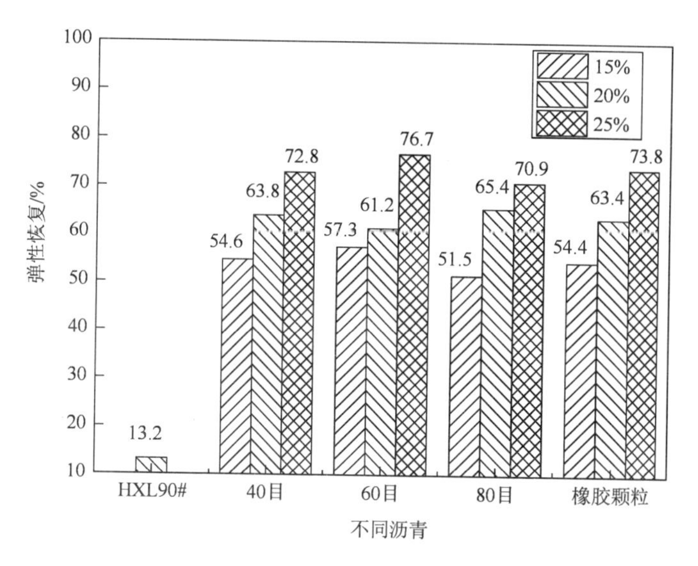

图 3-4　不同掺量、不同粒度裂解-聚合法橡胶颗粒改性沥青弹性恢复对比图

从图 3-4 以及表 3-4 中可以看出，在橡胶粒度相同的条件下，当橡胶粉掺量从 0 增加到 15%时，其弹性恢复较快，当掺量超过 20%后，其弹性恢复变缓。在裂解颗粒掺量为 20%时，80 目橡胶颗粒改性沥青的弹性恢复较裂解-聚合法橡胶颗粒改性沥青、40 目、60 目橡胶颗粒改性沥青分别提升了 3. 1%、2. 4%、6. 4%，可见橡胶的粒径对沥青的弹性恢复影响较小，相同的橡胶掺量下，相比于普通橡胶改性沥青，裂解-聚合法橡胶颗粒改性沥青的弹性恢复能力更好。

3. 1. 5　黏度

黏度是沥青材料重要的技术指标，在橡胶改性沥青应用较普遍的国家和地区，黏度都被用作最重要的高温控制指标，并有一个黏度控制范围[53]。国内外的很多研究都是采用布氏旋转黏度计法测定橡胶改性后沥青的黏度。

针对不同转速、不同转子型号，在不同温度下对裂解-聚合法橡胶颗粒改性沥青进行黏度试验，裂解颗粒掺量为 20%，沥青黏度数据见表 3-5。黏度对比图见图 3-5。

表 3-5 不同转速、不同转子型号、不同温度下沥青黏度

转速 /(r·min^{-1})	转子型号	温度 /℃	黏度 /(Pa·s)	剪应力 /(N·m^{-2})	剪切速率 /(s^{-1})	扭矩 /%
10	21	135	2.2	206.5	9.3	44.6
		155	0.895	82.8	9.3	17.9
		175	0.46	43.7	9.3	9.3
	27	135	3.1	105.4	3.4	12.5
		155	1.35	45.9	3.4	5.4
		175	0.775	26.3	3.4	3.2
	28	135	3.15	88.2	2.8	6.3
		155	1.35	37.8	2.8	2.8
		175	0.7	19.6	2.8	1.4
	29	135	2.8	70	2.5	2.8
		155	1.1	27.5	2.5	1.1
		175	0.5	12.5	2.5	0.5
15	21	135	2.200	206.5	13.90	46.5
		155	0.880	122.8	13.90	26.3
		175	0.453	63.2	13.90	13.6
	27	135	3.000	153.0	5.10	18.1
		155	1.300	66.3	5.10	7.8
		175	0.750	39.1	5.10	4.6
	28	135	3.033	128.8	4.20	9.2
		155	1.333	56.0	4.20	4.0
		175	0.733	30.8	4.20	2.2
	29	135	2.733	102.5	3.75	4.2
		155	1.067	42.5	3.75	1.6
		175	0.467	17.5	3.75	0.7

续表3-5

转速/(r·min^{-1})	转子型号	温度/℃	黏度/(Pa·s)	剪应力/(N·m^{-2})	剪切速率/(s^{-1})	扭矩/%
20	21	135	2.120	395.7	18.60	85.2
		155	0.865	161.4	18.60	34.8
		175	0.445	83.2	18.60	17.9
	27	135	2.938	199.7	6.80	23.5
		155	1.288	87.6	6.80	10.3
		175	0.725	50.2	6.80	6.0
	28	135	2.950	166.6	5.60	11.8
		155	1.325	72.8	5.60	5.3
		175	0.725	40.6	5.60	2.9
	29	135	2.700	135.0	5.00	5.4
		155	1.050	52.5	5.00	2.2
		175	0.500	25.0	5.00	1.0
25	21	135	—	—	—	—
		155	0.858	199.5	23.30	42.9
		175	0.440	102.8	23.30	22.1
	27	135	2.890	245.7	8.50	29.0
		155	1.270	107.9	8.50	12.7
		175	0.710	60.3	8.50	7.1
	28	135	2.920	204.4	7.00	14.6
		155	1.280	89.6	7.00	6.5
		175	0.720	50.4	7.00	3.6
	29	135	2.680	165.0	6.25	6.7
		155	1.033	80.0	6.25	3.2
		175	0.480	30.0	6.25	1.2

续表3-5

转速 /(r·min^{-1})	转子型号	温度 /℃	黏度 /(Pa·s)	剪应力 /(N·m^{-2})	剪切速率 /(s^{-1})	扭矩 /%
30	21	135	—	—	—	—
		155	0. 850	236. 7	27. 90	50. 9
		175	0. 438	122. 3	27. 90	26. 2
	27	135	2. 875	292. 4	10. 20	34. 4
		155	1. 250	127. 5	10. 20	15. 1
		175	0. 700	71. 4	10. 20	8. 4
	28	135	2. 883	242. 2	8. 40	17. 3
		155	1. 267	106. 4	8. 40	7. 7
		175	0. 717	60. 0	8. 40	4. 3
	29	135	2. 633	197. 5	7. 50	7. 9
		155	1. 033	80. 0	7. 50	3. 2
		175	0. 467	35. 0	7. 50	1. 4

注：图中没有数据处为超过仪器检测量程。

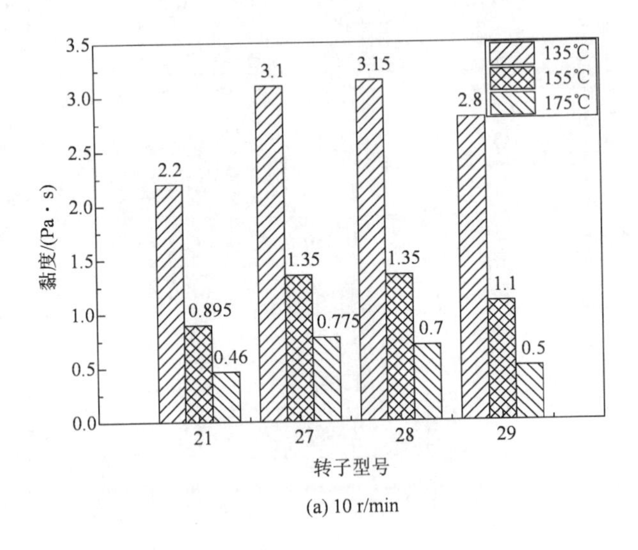

(a) 10 r/min

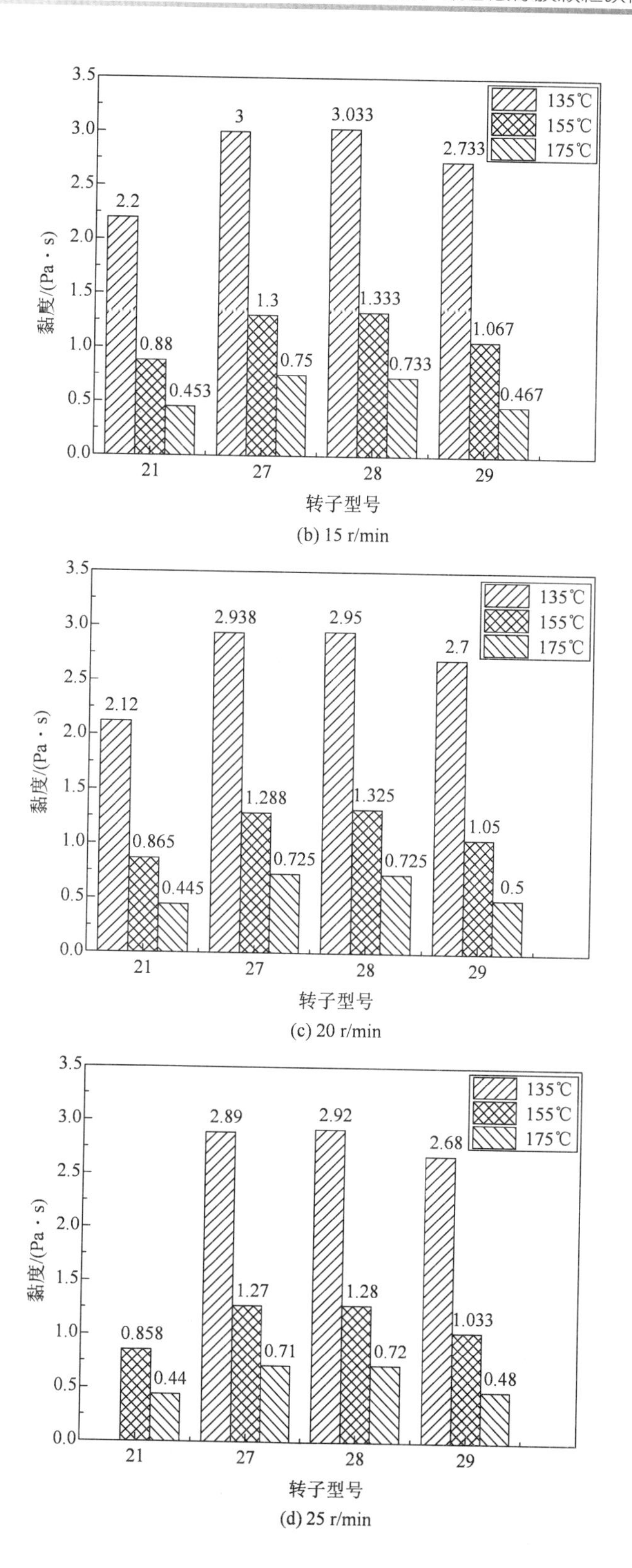

(b) 15 r/min

(c) 20 r/min

(d) 25 r/min

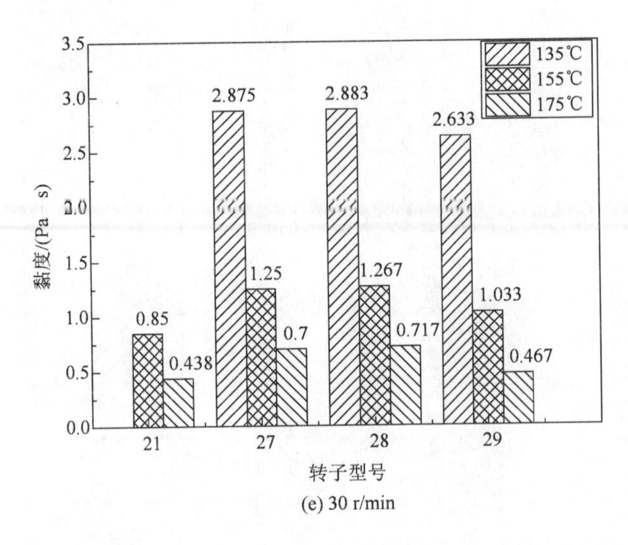

图 3-5　不同转速不同转子型号在不同温度下的黏度对比图

由图 3-5 可大致得到以下规律：

(1)相同转速、相同转子型号下，裂解-聚合法橡胶颗粒改性沥青的黏度随着温度的升高呈现下降趋势。

(2)在同一个试验温度、相同转子型号的条件下，随着转速的提高，测试出的黏度略有下降，但整体差异不大；在相同转速的情况下，随着转子型号的变大，黏度有一个由小变大再变小的过程。

(3)综合以上情况，裂解-聚合法橡胶颗粒改性沥青黏度测试，应优先选用 27 号转子，转速以 20 r/min 为宜，试验温度可以设定在 135℃。而普通橡胶改性沥青，其黏度试验温度在 175℃左右，这是因为橡胶改性沥青的黏度较大，温度过低时仪器难以检测出相应的黏度；而裂解-聚合法橡胶颗粒改性沥青的黏度并没有想象中大，而是更加接近 SBS 改性沥青的黏度，因此选用 135℃的检测温度和 20 r/min 的转速以及 27 号转子来进行检测是适合的。

采用 135℃的检测温度、20 r/min 的转速以及 27 号转子，对普通橡胶改性沥青与裂解-聚合法橡胶颗粒改性沥青进行黏度试验，结果如表 3-6 与图 3-6 所示。

表 3–6　不同沥青的黏度试验结果　　单位：cP

橡胶粉粒度	15%	20%	25%
40 目	2775	3059	3696
60 目	2978	3442	4021
80 目	3054	3479	3968
裂解颗粒	2693	2938	3544

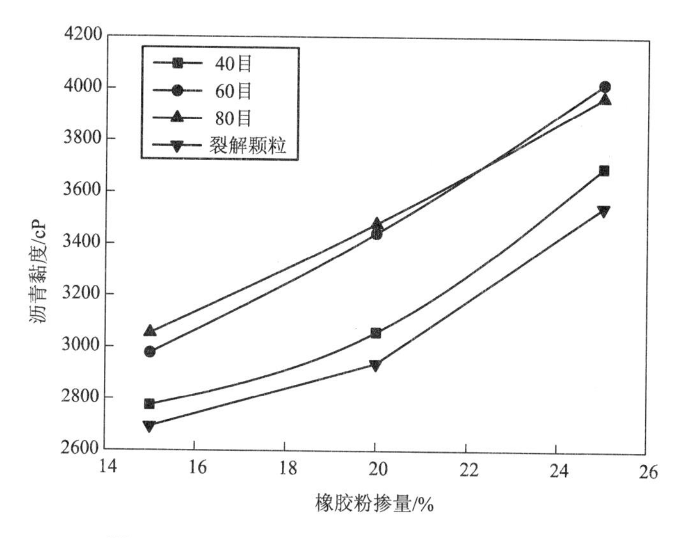

图 3–6　不同橡胶粉掺量与改性沥青黏度关系

从表 3–6 可知，不同掺量裂解–聚合法橡胶颗粒改性沥青的黏度均小于相应掺量普通橡胶粉改性沥青的黏度，从图 3–6 也可以看出，裂解–聚合法橡胶颗粒改性沥青的黏度随掺量的变化曲线处于其他普通橡胶粉改性沥青黏度曲线的下方，并且从黏度试验结果可以看出，当裂解的橡胶颗粒掺量从 15%增加到 20%时，其黏度增加了 9%，而当掺量从 20%增加到 25%时，其黏度增加了 20.6%，黏度增加很大。考虑到不同掺量橡胶改性沥青的针入度与软化点指标，裂解的橡胶颗粒掺量为 20%的沥青与掺量为 25%的沥青相比，其针入度与软化点没有显著差别，而相较于 15%掺量的沥青，其相应指标差异比较明显，因此裂解的橡胶颗粒掺量推荐采用 20%。

3.2 裂解-聚合法橡胶颗粒改性沥青流变性能研究

采用应变式控制模式，原样沥青、RTFOT 残留沥青和 PAV 残留沥青应变值 γ 分别为 12%、10%和 1%，试验频率 ω 均为 10 rad/s[55]。原样沥青和 RTFOT 残留沥青的动态剪切试验采用大旋转轴(25 mm)、1000 μm(1 mm)的小间隙，PAV 残留沥青的动态剪切试验采用小旋转轴(8 mm)、2000 μm(2 mm)的大间隙，裂解颗粒掺量为 20%。

3.2.1 DSR 试验分析

美国战略公路研究计划在沥青结合料路用性能规范中提出评价沥青结合料高温稳定性和中等温度条件下疲劳特性的指标是采用动态剪切流变仪。通过测量沥青胶结料的复数剪切模量 G^* 和相位角 δ 来表征沥青胶结料的黏性和弹性。复数剪切模量是在荷载作用下衡量沥青胶结料的劲度或形变阻力的一个指标。复数剪切模量和相位角定义了在线性黏弹性区沥青胶结料对剪切形变的阻力。通常将抗车辙因子 $G^*/(\sin\delta)$ 作为沥青胶结料的高温评价指标之一。

沥青材料的 $G^*/(\sin\delta)$ 指标应满足以下要求：

(1)原样沥青的 $G^*/(\sin\delta)$ 不得小于 1.0 kPa；

(2)RTFOT 后残留物的 $G^*/(\sin\delta)$ 不得小于 2.2 kPa。

从表 3-7 可知，裂解的橡胶颗粒与 60 目橡胶粉的加入使得沥青的抗车辙因子有较大幅度的提升，这表明掺加裂解的橡胶颗粒或者 60 目橡胶粉在一定程度上改善了其高温性能。

从表 3-7 以及图 3-7 可知，随着温度的升高，4 种沥青的 $G^*/(\sin\delta)$ 减小，相位角 δ 增加，表明随着温度的增加，沥青中的弹性成分减少，黏性成分增多。对于掺加裂解的橡胶颗粒的沥青与掺加 60 目橡胶粉的沥青，从相位角方面考虑，掺加 60 目橡胶粉的沥青相位角较大；由图 3-7 可知，与 SBS 改性沥青相比，掺加裂解的橡胶颗粒的沥青与掺加 60 目橡胶粉的沥青高温性能相对较差，并且裂解-聚合法橡胶颗粒改性沥青的抗车辙因子大于 60 目橡胶改性沥青，由此也说明掺加裂解的橡胶颗粒比掺加普通橡胶粉能更显著地改善沥青的高温性能。

表 3-7　不同原样沥青 DSR 试验结果

项目		基质	SBS	橡胶颗粒	60 目橡胶粉
G^* /kPa	58℃	3.047	12.770	9.537	9.278
	64℃	1.330	7.462	4.958	4.741
	70℃	0.621	4.567	2.697	2.598
	76℃	0.304	2.900	1.536	1.768
	82℃	0.106	1.905	0.920	1.245
δ /(°)	58℃	85.44	59.67	70.75	75.94
	64℃	86.93	57.12	72.16	80.56
	70℃	88.10	56.23	73.77	81.56
	76℃	89.01	56.19	75.51	82.97
	82℃	89.98	55.56	76.79	83.45
$G^*/(\sin\delta)$ /kPa	58℃	3.057	14.795	10.102	9.565
	64℃	1.332	8.885	5.208	4.806
	70℃	0.621	5.494	2.808	2.626
	76℃	0.304	3.490	1.586	1.781
	82℃	0.106	2.310	0.945	1.253

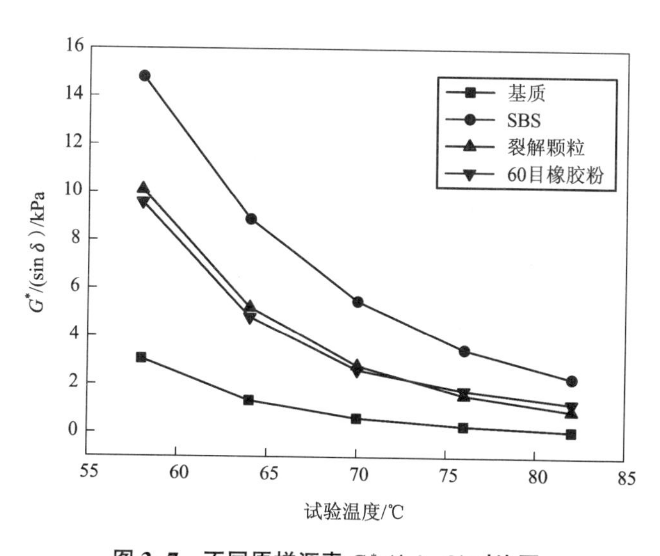

图 3-7　不同原样沥青 $G^*/(\sin\delta)$ 对比图

从表3-8可知，掺加裂解的橡胶颗粒的沥青与60目橡胶粉的沥青，RTFOT后其相位角较基质沥青均有较大幅度的降低。相比于掺加60目橡胶粉的沥青，RTFOT后掺加裂解的橡胶颗粒的沥青相位角均较小，由相位角的变化可知RTFOT后裂解-聚合法橡胶颗粒改性沥青弹性成分增加，黏性部分减少。对于SBS改性沥青，RTFOT后其相位角普遍有减小的趋势，表明RTFOT后SBS改性沥青黏性部分减少，弹性部分增加。

表3-8　RTFOT后不同沥青DSR试验结果

项目		基质	SBS	橡胶颗粒	60目橡胶粉
G^* /kPa	58℃	5.452	27.420	16.254	15.264
	64℃	2.350	14.720	8.378	10.354
	70℃	1.072	8.295	4.526	5.268
	76℃	0.721	4.843	2.528	3.125
	82℃	0.473	2.795	1.460	1.268
δ /(°)	58℃	82.82	62.02	67.10	75.69
	64℃	84.76	60.64	68.72	78.97
	70℃	86.35	60.75	70.49	80.24
	76℃	87.65	62.96	72.40	81.98
	82℃	88.16	66.47	74.31	84.73
$G^*/(\sin\delta)$ /kPa	58℃	5.495	31.049	17.634	15.753
	64℃	2.360	16.889	8.991	10.549
	70℃	1.074	9.507	4.802	5.345
	76℃	0.722	4.437	2.652	3.156
	82℃	0.473	3.048	1.517	1.273

从图3-8可知，与原样沥青相比，RTFOT后，4种沥青由于沥青老化变硬的缘故，其 $G^*/(\sin\delta)$ 均有着较为明显的增加。对于裂解-聚合法橡胶颗粒改性沥青，与掺加60目橡胶粉的沥青相比，短期老化后裂解-聚合法橡胶颗粒改性沥青的 $G^*/(\sin\delta)$ 增加幅度均较大，因此可知RTFOT后裂解-聚合法橡胶颗粒改性沥青有更好的高温性能。

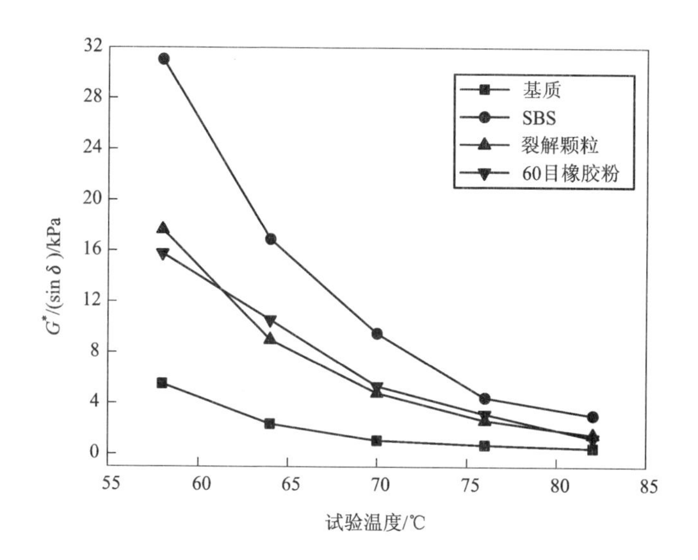

图3-8 RTFOT后不同沥青 $G^*/(\sin\delta)$ 对比图

从表3-7和表3-8综合来看，76℃时，原样裂解-聚合法橡胶颗粒改性沥青的 $G^*/(\sin\delta)$ 大于1.0 kPa，RTFOT后裂解-聚合法橡胶颗粒改性沥青的 $G^*/(\sin\delta)$ 大于2.2 kPa。原样裂解-聚合法橡胶颗粒改性沥青在82℃的试验温度下其 $G^*/(\sin\delta)$ 不大于1.0 kPa，而裂解-聚合法橡胶颗粒改性沥青经过RTFOT后其 $G^*/(\sin\delta)$ 不大于2.2 kPa。所以，按SHRP要求，裂解-聚合法橡胶颗粒改性沥青能够用于最高路面设计温度不超过76℃的地区。

3.2.2 BBR 试验分析

低温弯曲梁流变试验(BBR)作为一种模拟实际路面结构层受力的试验方法。能够反映胶结料的柔性指标，其常被用来评价沥青胶结料的低温性能[56]。不同沥青 BBR 试验结果见表 3-9 和图 3-9。

表 3-9　不同沥青 BBR 试验结果

项目		基质	SBS	橡胶颗粒	60 目橡胶粉
劲度模量/kPa	−24℃	723	684	442	462
	−18℃	387	365	192	209
	−12℃	196	182	95	112
m	−24℃	0.142	0.155	0.211	0.192
	−18℃	0.234	0.215	0.345	0.321
	−12℃	0.427	0.284	0.436	0.453

注：m 为沥青的劲度变化率。

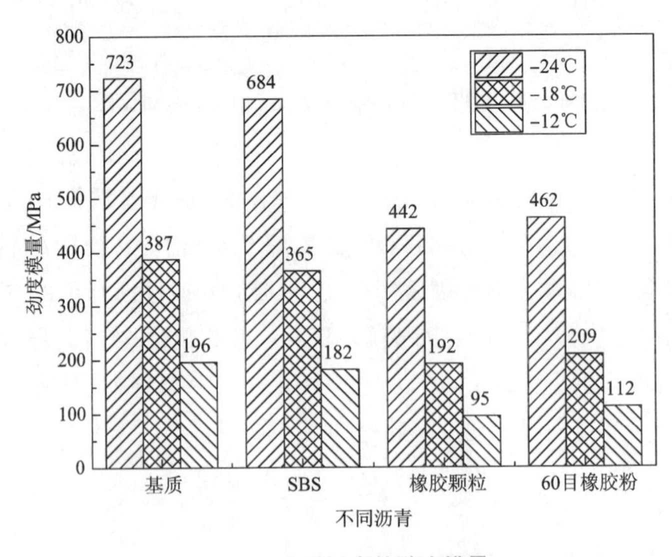

图 3-9　不同沥青的劲度模量

由图 3-9 可知，相同掺量下，掺加不同粒度的橡胶改性沥青其劲度模量相差不大，因此低温分级不明显，对比裂解-聚合法橡胶颗粒改性沥青和普通橡胶改性沥青的劲度模量可知，同一温度下，裂解-聚合法橡胶颗粒改性沥青的劲度模量相比普通橡胶改性沥青的劲度模量降低了 10%左右，由此表明裂解-聚合法橡胶颗粒改性沥青的低温性能更好。

m 用来表征沥青低温状态下的劲度模量对变形的响应能力，由图 3-10 可知，随着温度的降低，不同沥青的 m 值均呈减小趋势。-12℃、-18℃、-24℃下，裂解-聚合法橡胶颗粒改性沥青的劲度变化率 m 比 SBS 改性沥青分别提高了 36%、21. 1%、20. 6%，表明不同温度下，裂解-聚合法橡胶颗粒改性沥青在低温状态下的劲度模量对变形的响应能力要强于 SBS 改性沥青，裂解-聚合法橡胶颗粒改性沥青与 SBS 改性沥青的 m 值之间差别较显著。而不同温度下裂解-聚合法橡胶颗粒改性沥青与 60 目橡胶粉改性沥青的 m 值相差不明显。

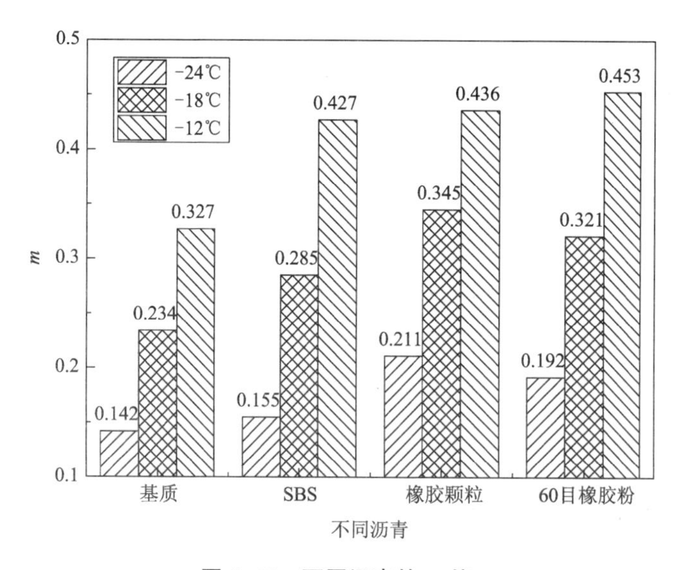

图 3-10　不同沥青的 m 值

3.3 裂解颗粒对沥青老化性能的影响

3.3.1 薄膜烘箱老化性能分析

表3-10列出了不同裂解-聚合法橡胶颗粒改性沥青、基质沥青老化前后的试验结果。

表3-10 薄膜烘箱老化试验数据

项目	温度/℃	HXL90#	15%	20%	25%
质量损失/%	—	0.01	0.03	0.08	0.15
针入度比/%	25	69.2	76.5	81.3	88.6
延度比/%	15	36.5	77.2	75.9	84.8
弹性恢复比/%	25	—	86.6	84.1	92.6
黏度比/%	135	109.4	103.8	133.7	111.0

从表3-10中薄膜烘箱前后的针入度比可以看出，裂解-聚合法橡胶颗粒改性沥青在薄膜烘箱老化后的针入度比较基质沥青在薄膜烘箱老化后的针入度比更大，且都大于75%；其老化后的延度比较基质沥青的延度比大大提高；老化前后的弹性恢复比也都大于80%。薄膜烘箱老化后裂解-聚合法橡胶颗粒改性沥青的黏度提高，黏度比也有所提高，说明裂解-聚合法橡胶颗粒改性沥青抗老化能力比基质沥青强。

3.3.2 热储存稳定性能分析

分别在160℃、170℃和180℃温度下对裂解-聚合法橡胶颗粒改性沥青进行高温储存，以考察其长期储存后针入度、软化点及延度等指标的变化情况(见表3-11)，其中裂解后橡胶颗粒的掺量为20%，对裂解-聚合法橡胶颗粒改性沥青的老化性能进行分析。

表 3-11 不同储存时间储存温度下指标数据表

储存温度	储存时间/h	针入度(25℃)/0.1 mm	软化点/℃	延度/cm
160℃	8	43.6	57.5	9.2
	24	48.3	57.3	9.4
	32	43.2	57.9	9
	48	48	58	9.2
	56	48.9	58.6	9.1
	72	45.7	59.8	8.4
170℃	8	44.4	57.9	8.9
	24	50.1	57.5	9.4
	32	44.3	57.5	9.3
	48	50.3	57	9
	56	49	57.9	10.2
	72	49	57.9	9.8
180℃	8	44	57.5	8.9
	24	46.3	57.5	9.2
	32	44.1	58	8.1
	48	47.5	58.2	7.7
	56	52.9	56.8	8.1
	72	54.6	56.4	9.5

从不同温度下长期储存后沥青针入度对比图(图 3-11)可以看出以下规律:

(1)在不同温度下储存,沥青针入度的变化规律基本一致,存在先变大后变小再变大的过程。24 h 储存后,由于在高温储存并不断搅拌的过程中裂解-聚合法橡胶颗粒改性沥青继续溶胀裂解,使得针入度变大,改性沥青黏度变小,沥青变软。随着时间的增长,改性沥青中聚合改性剂持续反应,裂解-聚合法橡胶颗粒改性沥青又得到适度的聚合,致使改性沥青黏度慢慢增大,针入度变小,沥青变硬。超过 32 h 后,改性沥青逐渐在高温储存下老化,针入度再度变大,黏度变小,沥青变软。

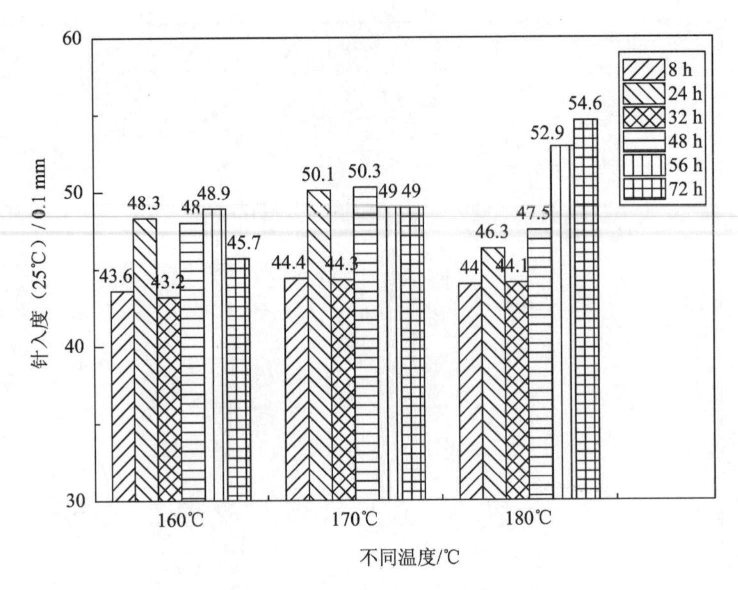

图 3-11　不同温度下长期储存后沥青针入度变化图

(2)从图 3-11 可以看出，裂解-聚合法橡胶颗粒改性沥青的抗老化性能优良，随着时间的推移，针入度并没有大幅减小，反而有增大的趋势，黏度随着时间的推移也不断减小。但是黏度的减小对裂解-聚合法橡胶颗粒改性沥青的性能有一定影响，综合三个温度下的储存数据可知，160~170℃的储存温度较为合适，但尽量不超过 48 h 的储存时间。

从不同温度储存后沥青软化点指标的对比图(图 3-12)可以得到以下规律：

(1)在三个温度下进行储存，48 h 内沥青软化点的变化趋势基本一致，软化点基本上保持并不算太大的变化且略有增长。这主要是聚合改性剂在溶胀发育过程中持续反应，使得系统的黏度慢慢增大，软化点增加。当时间超过 48 h 后，160℃和 170℃下储存的改性沥青软化点依然保持较小的增长或趋于稳定，但是当储存温度达到 180℃以后，48 h 后的软化点明显下降，说明过高的储存温度加速了改性沥青的老化。

(2)从软化点的变化可以看出，裂解-聚合法橡胶颗粒改性沥青的储存老化性能较好，48 h 内软化点没有较明显的衰减，但要注意储存温度保持在 160~170℃为宜，储存时间尽量不超过 48 h，这个结论与针入度的结论是一致的。

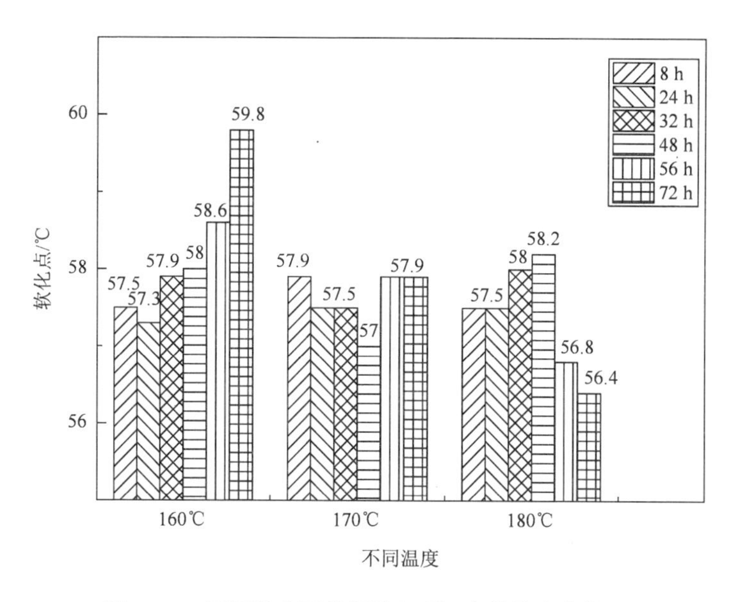

图 3-12　不同温度下长期储存后沥青软化点变化图

从不同温度储存后沥青延度指标的对比图(图 3-13)可以得到以下规律：

(1)在三个温度下进行储存，48 h 内沥青延度的变化趋势除了在 180℃时下降明显外，另外两个温度储存后延度的变化趋势基本一致，基本上变化不大。

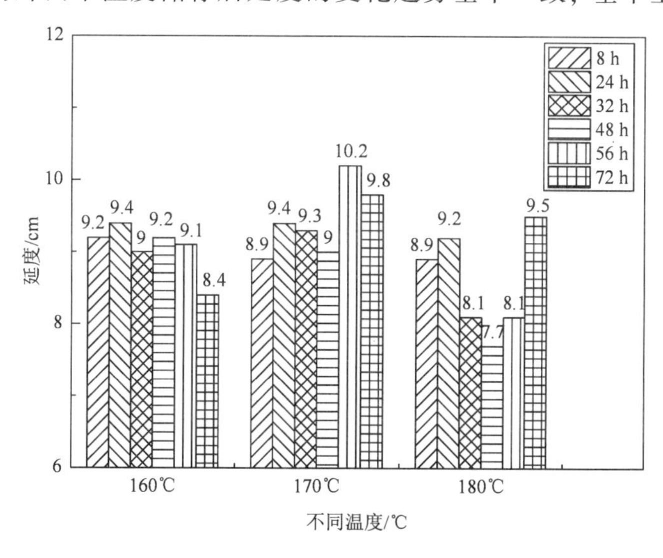

图 3-13　不同温度下长期储存后沥青延度变化图

180℃储存的情况下，48 h内延度明显减小。

（2）从沥青延度的变化可以看出，160～170℃储存的情况下，裂解-聚合法橡胶颗粒改性沥青的抗老化性能较好，且48 h内延度没有较明显的衰减，因此建议裂解-聚合法橡胶颗粒改性沥青的储存温度以160～170℃为宜，且储存时间不超过48 h。

3.4 小结

（1）橡胶颗粒掺量是影响橡胶改性沥青性能最重要的因素之一，黏度、针入度、延度和弹性恢复等指标均随着橡胶颗粒掺量的增加而增大，试验结果表明，掺量为20%的裂解-聚合法橡胶颗粒改性沥青的各项性能指标完全满足规范要求。

（2）裂解-聚合法橡胶颗粒改性沥青的黏度接近SBS改性沥青的黏度，因此选用135℃的检测温度和20 r/min的转速以及27号转子来进行检测是适合的。

（3）掺加裂解的橡胶颗粒能显著提高沥青的弹性恢复性能，且裂解颗粒的掺量对其弹性恢复性能影响较大。

（4）裂解-聚合法橡胶颗粒改性沥青的高温性能按照SHRP分级达到PG76，表明其具有良好的高温稳定性。

（5）裂解-聚合法橡胶颗粒改性沥青的低温性能较基质沥青有较大幅度的提高，试验表明相同掺量不同目数的橡胶改性沥青劲度模量变化也不足以明显影响低温分级。

（6）建议裂解-聚合法橡胶颗粒改性沥青的储存温度保持在160～170℃为宜，且储存时间尽量不超过48 h。

第 4 章　裂解-聚合法橡胶颗粒改性沥青改性机理研究

目前对沥青微观结构的分析，国内外普遍采用红外光谱法分析沥青的分子结构和官能团变化；用 DSC 差热分析研究沥青聚集态变化；用电子或荧光显微镜研究改性剂在沥青中的分布情况。本章采用化学分析方法来研究裂解-聚合法橡胶颗粒改性沥青的微观结构变化，以分析其改性机理。

4.1　扫描电子显微镜(SEM)试验

试验所用电子显微镜为德国 Bruker 公司生产的 VEGA 型扫描电镜，如图 4-1 所示。

采用真空镀膜法制备试样，即在真空条件下在裂解-聚合法橡胶颗粒改性沥青样品上镀一层金粉，厚度为 20 nm，将制备好的试样放置在样品室内进行试验观察。

图 4-2 为常规橡胶改性沥青改性前后的 SEM 图，掺加裂解颗粒前后沥青的 SEM 图如图 4-3 所示。图 4-2 展现出常规橡胶改性沥青的单相连续结构，是其呈现的微观形态，大多数不规则的小颗粒在沥青中分散开来，虽然经过剪切作用，但是其溶胀不充分，反应不均匀，这主要是橡胶粉自身的不均匀性造成的；而图 4-3 中，加入裂解的橡胶颗粒后，沥青分布均匀，在沥青中没有出现较多微小颗粒，这在一定程度上间接说明裂解的橡胶颗粒可以显著提升沥青的性能。

图 4-1　VEGA 型扫描电镜

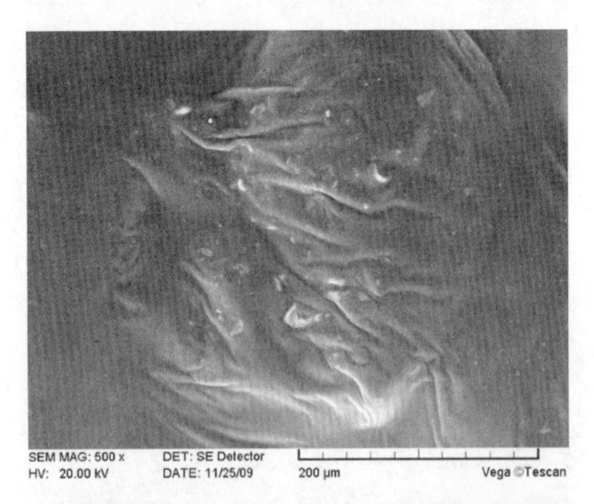

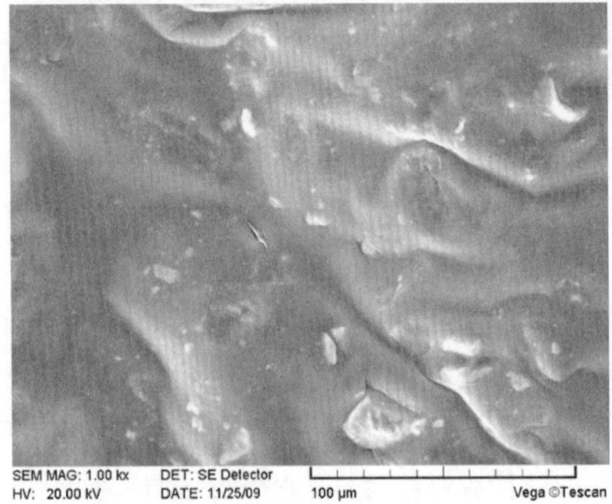

图 4-2　常规橡胶改性沥青改性前后的 SEM 图

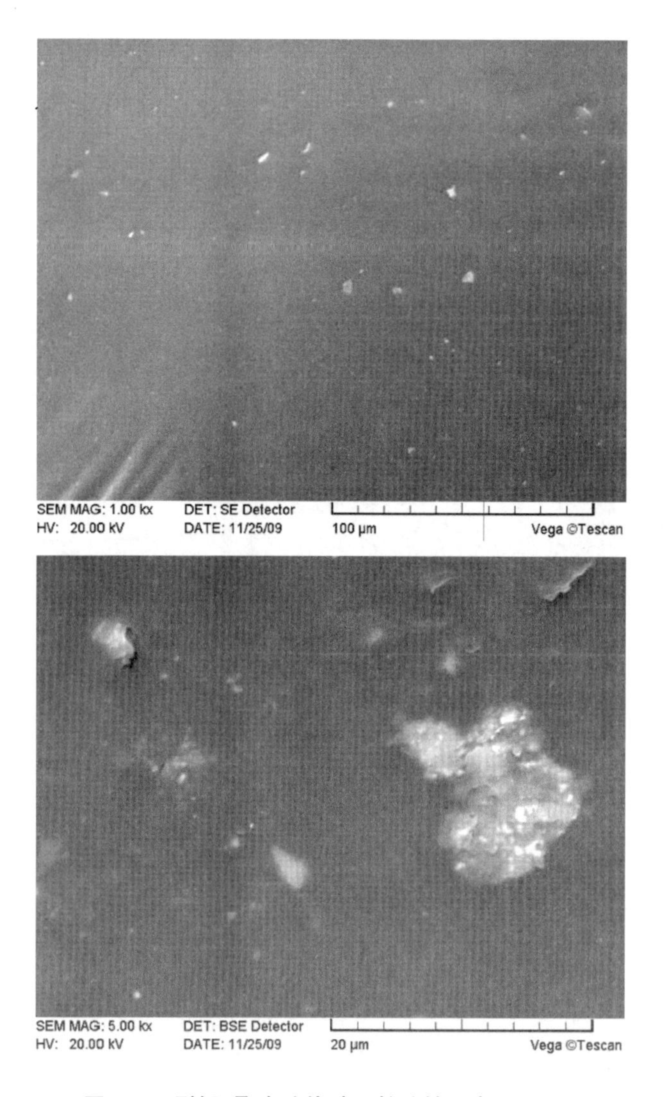

图 4-3　裂解-聚合法橡胶颗粒改性沥青 SEM 图

4.2　差示扫描量热法(DSC)试验

差示扫描量热法(DSC)是以热流量的形式测试试样与参照物的功率之差和温度的关系[59]。DSC 试验通过对沥青聚集态随温度变化的情况进行测试，分析升温中的相关能量变化，从而分辨沥青相关性质的优劣。另外，通过 DSC 曲线能有效评价试验样品的热稳定性，如果曲线上没有大的放热峰或者吸收峰，则证明其热稳定性能较好。试验使用的 DSC 试验仪采用 TA 公司 Q2000 型，如图 4-4 所示，试验环境为氩气环境，温度控制在-90~200℃，温度升高速率为 5 ℃/h。

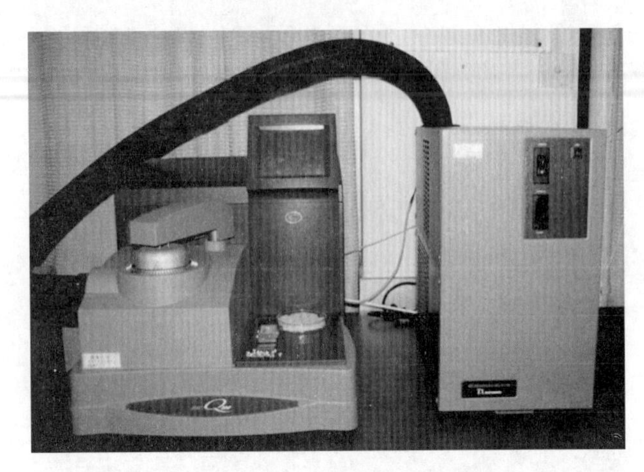

图 4-4　DSC 试验仪

针对 HXL90#基质沥青、常规橡胶改性沥青、裂解-聚合法橡胶颗粒改性沥青这三种沥青进行 DSC 试验，结果如图 4-5~图 4-7 所示。

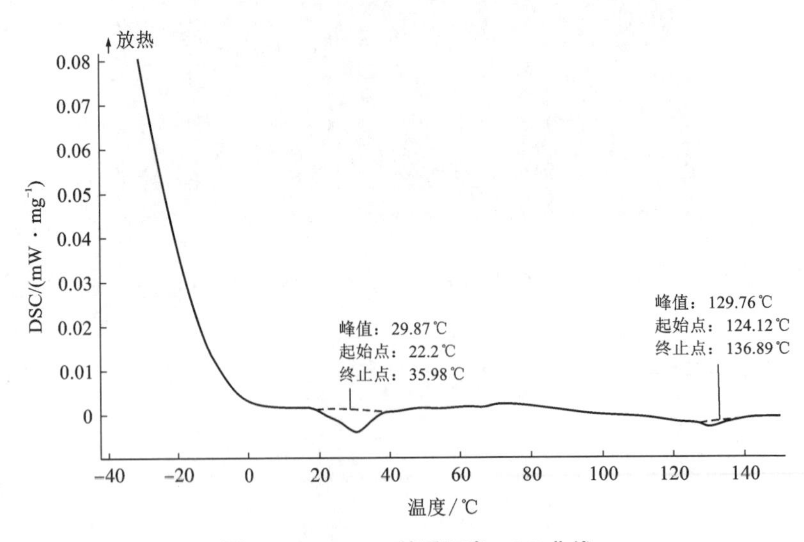

图 4-5　HXL90#基质沥青 DSC 曲线

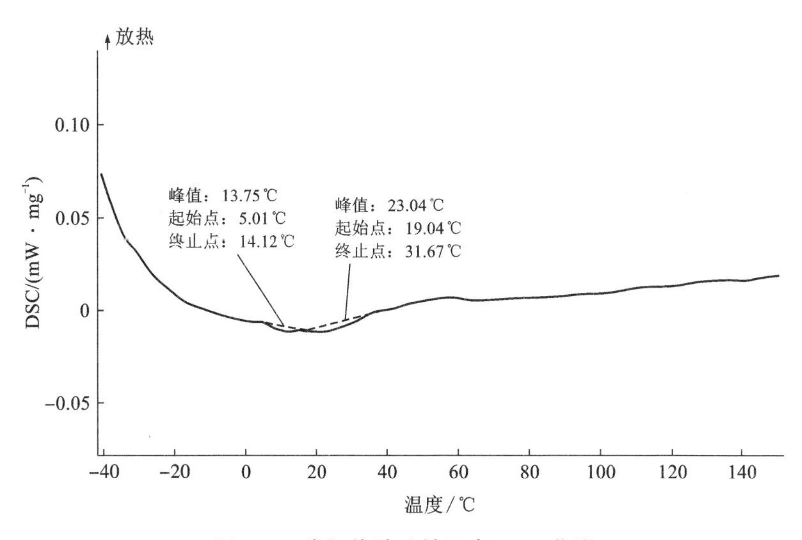

图 4-6　常规橡胶改性沥青 DSC 曲线

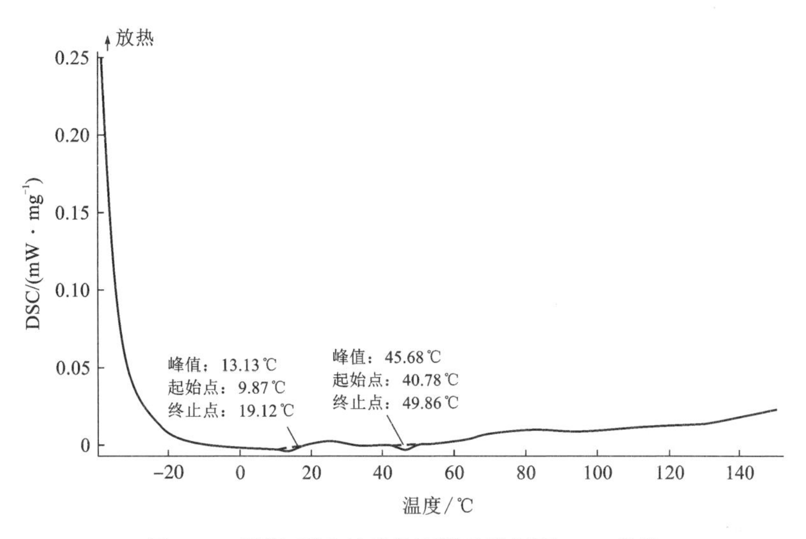

图 4-7　裂解-聚合法橡胶颗粒改性沥青 DSC 曲线

沥青由分子大小、结构以及成分不同的各种物质混合而成，在不同温度下，其物质形态会有所变化，在固态、液态之间变化明显。在温度升高的过程中，不同沥青中固态、液态分子间的作用力不同，因而其聚集态有较大不同，这就导致沥青性能有较大差别，一般认为沥青稳定性差与其内部聚集态物质较多有密切关系。

沥青相态发生变化，表现在DSC曲线上就是出现了吸收峰或者放热峰，沥青中聚集态组分的变化可以用其峰所处的位置以及峰的大小来评价，在宏观上反映出沥青的温度敏感性。

沥青相态的变化在DSC曲线上表现为吸(放)热峰的出现，通过DSC曲线上吸收峰的位置和吸热量的大小来表征沥青中组分发生聚集态的微观变化，进而评价沥青的温度稳定性。在DSC分析中，沥青组分中许多成分的峰重叠起来，就会形成一个宽峰，这也反映了沥青组分发生聚集态变化的相关温度所对应的范围，这个温度范围决定了该沥青的性能，该温度范围如果与沥青使用温度范围相同或者差别不大，就会严重影响沥青性能，并且峰大小与聚集态数量有较大关系，峰越大沥青的相关物质变化越大，这也影响了沥青的性能，因此DSC曲线越平缓，峰越小，说明该种沥青性能越突出，对温度变化越不敏感。三种沥青相关峰的计算结果见表4-1。

表4-1　沥青试样DSC试验计算结果

试样	编号	起始点/℃	终止点/℃	峰的位置/℃	能量/($J·g^{-1}$)	
基质沥青	1	22.2	35.98	29.87	0.2984	0.3400
	2	124.12	136.89	129.76	0.0416	
常规橡胶改性沥青	1	5.01	14.12	13.75	0.0959	0.2838
	2	19.04	31.67	23.04	0.1879	
裂解-聚合法橡胶颗粒改性沥青	1	9.87	19.12	13.13	0.0991	0.2078
	2	40.78	49.86	45.68	0.1096	

由表4-1可知，裂解-聚合法橡胶颗粒改性沥青的吸热量最小，基质沥青最大，结合图4-5~图4-7也可以看到，掺加裂解橡胶颗粒后，裂解-聚合法橡胶颗粒改性沥青的DSC曲线变得更加平缓，且相应峰变小。这足以说明掺加裂解的橡胶颗粒后沥青的热稳定性得到明显改善。究其原因主要是加入了裂解橡胶颗粒，通过聚合法生产的沥青内部结晶组分的形式发生较大变化，且结晶组分数量也有变化，这一过程中溶胀、交联反应更加充分，从而导致沥青微观结构和相关成分

发生变化，进而表现在 DSC 曲线上就是峰值较小。从图 4-5 可知，在 130℃时基质沥青有较大的吸收峰，分析认为这是沥青中的大分子成分裂解或分解从而使成分之间的转化变多所致，而在该温度附近，常规橡胶改性沥青与裂解-聚合法橡胶颗粒改性沥青没有此峰，这也间接说明了之前阐述的观点，即掺加橡胶粉或者裂解颗粒会改善沥青的性能。

4.3　红外光谱(IR)试验分析

在石油沥青和聚合化学物分析中常采用红外吸收光谱法(infrared absorption spectrum analysis，简称 IR)[60]。因为在不同波长红外辐射下聚合物对其吸收不同，所以当试样上通过不同波长的辐射时，试样中的某些成分吸收部分波长的辐射而造成红外光弱化，因而形成光谱。聚合物的红外谱图用透过率和波长的吸收曲线来表示。

红外谱图按照分子的结构特征分为官能团区和指纹区。官能团区处在 4000~1330 cm^{-1} 的波峰范围，指纹区则位于 1330~400 cm^{-1} 的波峰范围[61]。其中化学键、基团振动区即为官能团区，而指纹区反映了分子结构的变化，类似于手的指纹，用于验证聚合物是非常可行的。

试验使用的傅立叶变换红外光谱仪如图 4-8 所示，该试验仪所测得的光谱范围为 4000~500 cm^{-1}，扫描方式为步进、快速扫描。

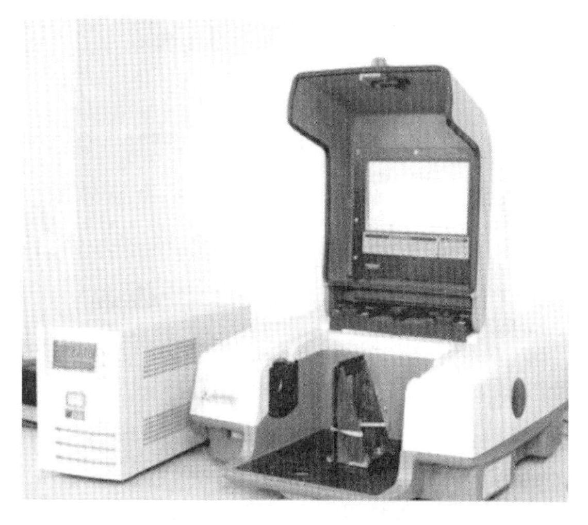

图 4-8　傅立叶变换红外光谱仪

对三种沥青，即基质沥青、常规橡胶改性沥青、裂解-聚合法橡胶颗粒改性沥青进行红外分析，以进一步研究其机理。

基质沥青红外谱图如图 4-9 所示。由图可知，在 3732 cm^{-1} 的波长处，出现了吸收峰，该峰是-OH 部分游离产生的振动所致。同样在 2920 cm^{-1} 波长和 2850 cm^{-1} 波长处的吸收峰为 C—H 对称产生部分振动所致，在波长为 1455 cm^{-1}、1372 cm^{-1} 处也出现了吸收峰，这部分是 C—H 弯曲产生振动所致。1600 cm^{-1} 波长处的吸收峰是 C ═C 键伸缩产生的振动所致，波长 1700 cm^{-1} 附近为羰基(C ═O)吸收峰，因此，饱和、不饱和碳链加上少量羰基组成了 HXL90#基质沥青的分子。

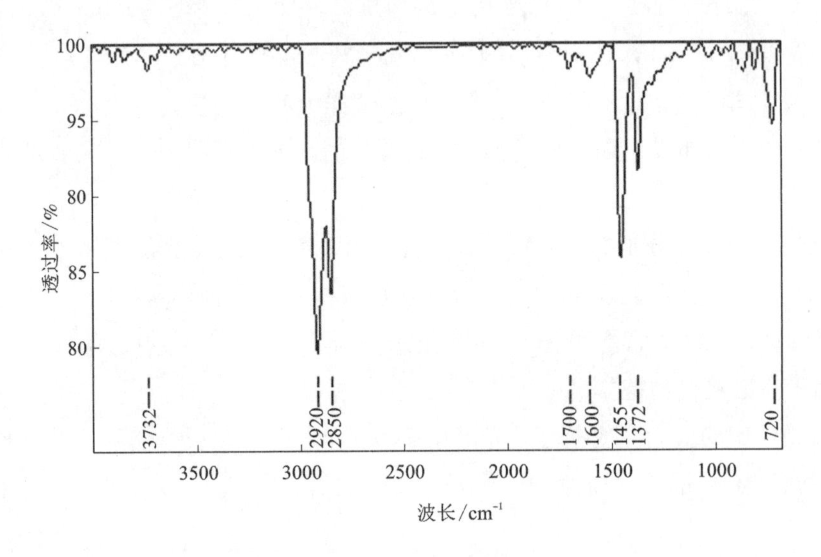

图 4-9　基质沥青红外谱图

常规橡胶改性沥青红外谱图见图 4-10。由图可知，除了与基质沥青有相同的吸收峰外，在波长为 1537 cm^{-1} 处为苯环中 C ═C 双键伸缩产生的振动吸收峰，波长为 1002 cm^{-1} 处是亚砜基 S ═O 的峰，而波长为 720 cm^{-1} 处的峰为饱和亚甲基摇摆振动产生的吸收峰。所以，常规橡胶改性沥青的分子主要是不饱和、饱和碳链、羰基(含苯乙烯)等。

裂解-聚合法橡胶颗粒改性沥青红外谱图见图 4-11。由图可知，除了与基质沥青有相同的吸收峰外，在波长为 1520 cm^{-1} 处为苯环骨架振动产生的吸收峰，1000 cm^{-1} 波长附近为═C—H 弯曲振动产生的峰，而波长为 963 cm^{-1} 处为反式二

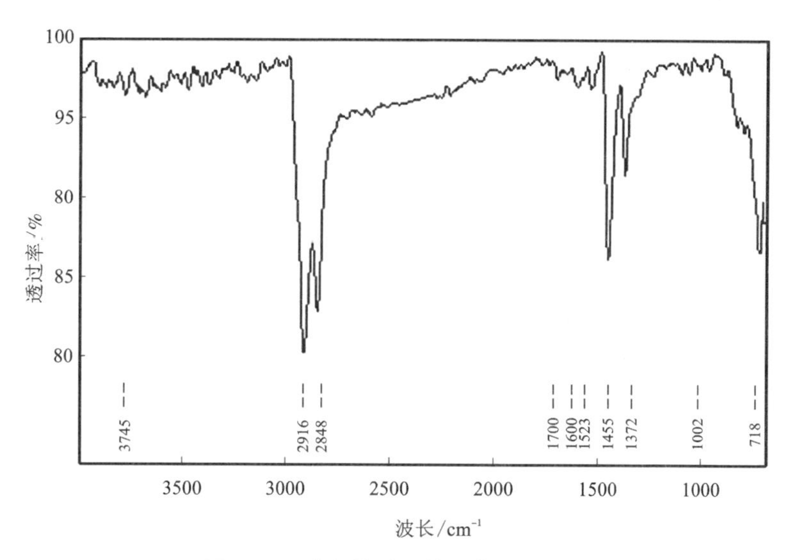

图 4-10　常规橡胶改性沥青红外谱图

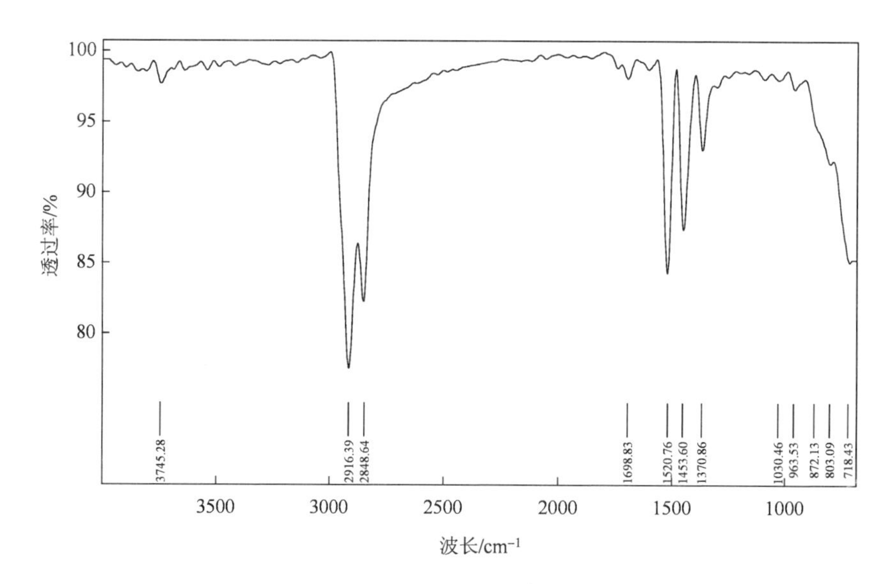

图 4-11　裂解-聚合法橡胶颗粒改性沥青红外谱图

烯基弯曲产生的振动峰，波长为 718 cm^{-1} 处的峰为饱和亚甲基摇摆振动产生的峰，因此，饱和碳链、不饱和碳链、苯乙烯、聚丁二烯等羰基组成了裂解-聚合法橡胶颗粒改性沥青分子。

图 4-12 为三种沥青红外光谱的叠加图，图 4-13 则为三种沥青吸收峰对比图。由图可知，常规橡胶改性沥青与基质沥青相比，图谱上明显增加了波长为 1538 cm^{-1} 的峰，该峰为苯环骨架振动产生的峰，并且波长为 1604 cm^{-1} 处 C ═C 振动峰宽度变窄，强度相应减小，究其原因是橡胶粉与沥青混溶后，苯环骨架振动峰不明显；对比裂解-聚合法橡胶颗粒改性沥青，苯环骨架振动峰由波长为 1538 cm^{-1} 处变为波长在 1521 cm^{-1} 处，这主要是加入裂解的橡胶颗粒后，裂解颗粒与沥青的结构更加交错，骨架振动产生移动所致。

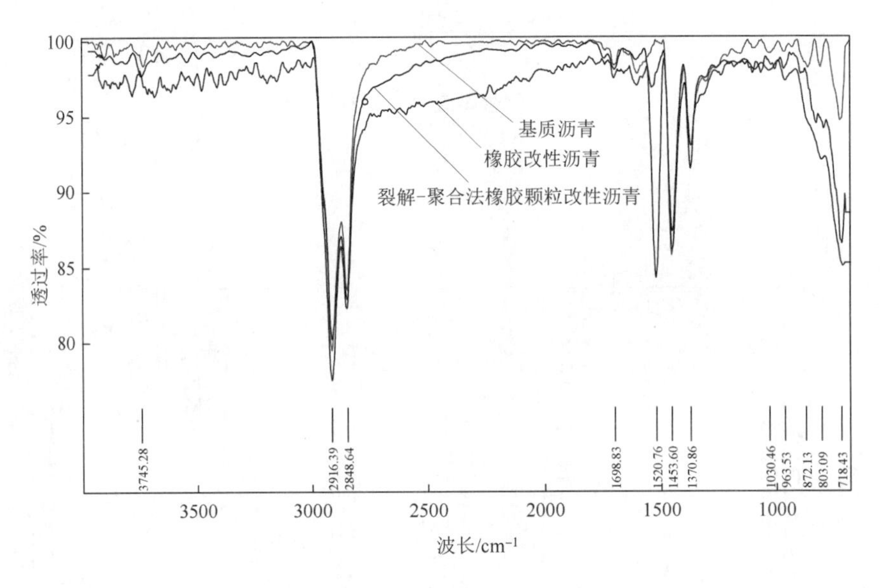

图 4-12　基质沥青、橡胶改性沥青、裂解-聚合法橡胶颗粒改性沥青红外光谱叠加图

根据三种沥青的红外谱图可知，按照常规方法生产的橡胶改性沥青产生了新吸收峰，但是该峰主要是因为新物质的加入，聚合物结构基本无变化，而加入裂解橡胶颗粒后，苯环、脂肪链烯基的吸收峰明显产生，表明裂解-聚合法生产的沥青中结构交联，聚合物不再是起初的结构，产生了部分化学反应，进而使沥青的化学成分发生变化。

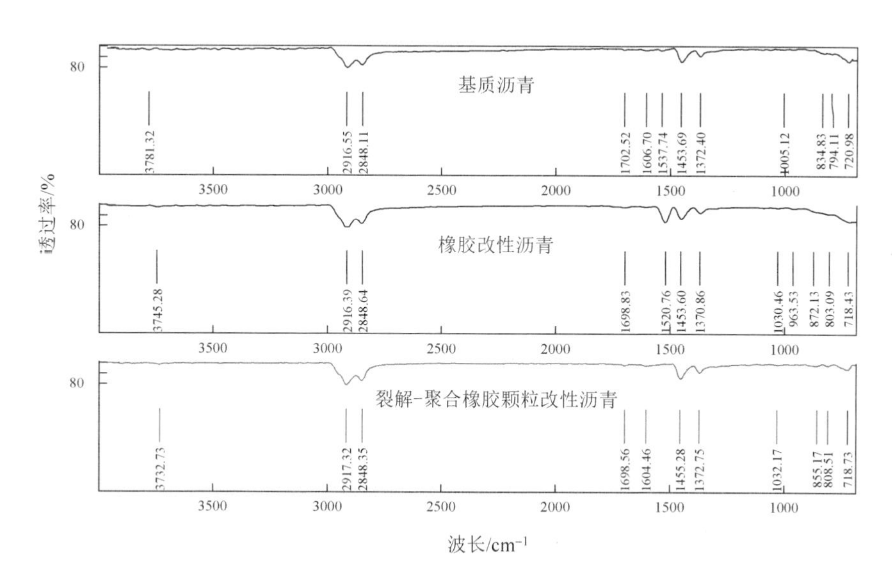

图 4-13　基质沥青、橡胶改性沥青、裂解-聚合法橡胶颗粒改性沥青红外光谱吸收峰对比图

4.4　小结

(1)裂解-聚合法主要是前期先对橡胶粉进行适度的裂解，裂解到一定程度后再对橡胶粉进行适度催化聚合，应用于生产时主要依靠在橡胶粉中添加裂解剂并在生产过程中添加聚合改性剂的方式来实现。

(2)扫描电子显微镜(SEM)分析结果表明普通橡胶粉与沥青仅仅发生一般的溶胀现象，加入裂解的橡胶颗粒并通过聚合剂对沥青进行加工后，沥青中的裂解颗粒分散更加均匀。

(3)差式扫描量热法(DSC)分析结果表明，按常规方法将橡胶粉加入沥青中，DSC 曲线变得平缓，沥青的热稳定性较好，而加入裂解颗粒后，沥青的 DSC 曲线更加平缓，吸收峰变窄，表明裂解的橡胶颗粒能一定程度上改善沥青的热稳定性。

(4)通过红外光谱(IR)试验结果的对比可知，将普通橡胶粉加入沥青中，仅仅发生了简单的混溶，而加入了裂解颗粒后，沥青的谱图出现了新吸收峰，由此可进一步说明裂解-聚合改性使沥青与橡胶粉发生了化学反应，从而使两者的相容性发生较大改善。

第5章　裂解-聚合法橡胶颗粒改性沥青混合料配合比设计及路用性能验证

通常橡胶改性沥青采用的级配为细粒式改性橡胶沥青混合料(ARHM型)级配，分别采用干法与湿法对橡胶改性沥青混合料的性能进行研究，其中湿法选用ARHM-16(W)和AC-16两种级配，并进行平行试验以对比分析裂解-聚合法橡胶颗粒改性沥青在不同级配下的性能。干法选用ARHM-16级配，同时考虑两种方案：一种是将橡胶颗粒作为添加剂，另一种是将橡胶颗粒计入级配曲线，分别进行其路用性能的对比。

5.1　橡胶改性沥青混合料配合比设计

5.1.1　概述

1)国外橡胶改性沥青混合料配合比设计方法

美国California等州规范中建议的矿料级配是现在最为典型的级配，见表5-1。

表5-1中的设计级配范围较窄，该类级配主要是最大限度地提高结合料用量，以达到良好的性能。

表 5-1　橡胶沥青断级配矿料级配要求

筛孔尺寸/mm	公称最大粒径 12.5 mm				公称最大粒径 19 mm			
	California		Arizona		California		Arizona	
	通过率/%		通过率/%		通过率/%		通过率/%	
	上限	下限	上限	下限	上限	下限	上限	下限
19	—	—	100	100	—	—	100	100
12.5	—	—	100	90	87	83	100	100
9.5	87	83	87	83	70	65	80	65
4.75	37	33	42	28	37	33	42	28
2.36	22	18	22	14	22	18	22	14
0.6	12	8	12	8	12	8	—	—
0.075	—	—	3	2	—	—	2.5	0

表 5-2 为 Texas 州对于 SMA 以及 SMAR 级配的规定。其级配主要是增加了 1.18~0.3 mm 共三个筛孔的界限要求。

表 5-2　Texas 州 SMA 与 SMAR 级配要求

筛孔尺寸/mm	SMA-C		SMA-D		SMA-F		SMAR-C		SMAR-F	
	上限	下限	上限	下限	上限	下限	上限	下限	上限	下限
19	100	100	100	100	100	100	100	100	100	100
12.5	90	80	99	85	100	100	85	72	100	100
9.5	60	25	75	50	90	70	70	50	100	95
4.75	28	20	32	20	50	30	45	30	50	40
2.36	20	14	28	16	30	20	27	17	27	17
1.18	20	8	28	8	30	8	22	12	22	12
0.6	20	8	28	8	30	8	20	8	20	8
0.3	20	8	28	8	30	8	15	6	15	6
0.075	12	8	12	8	14	8	9	5	9	5

美国 AASHTO M325-08 规范中也提到一种橡胶沥青用 SMA-12.5 级配，其级配范围见表 5-3。

表 5-3　美国 AASHTO M325-08 规范中 SMA-12.5 级配范围

范围	通过下列筛孔的橡胶沥青质量分数/%									
	19 mm	12.5 mm	9.5 mm	4.75 mm	2.36 mm	1.18 mm	0.6 mm	0.3 mm	0.15 mm	0.075 mm
上限	100	100	80	35	24	—	—	—	—	11
下限	100	90	50	20	16	—	—	—	—	8

表 5-1～表 5-3 中提到的断级配以及不同 SMA 级配有较大区别：

(1)SMA 的级配 4.75 mm 以上粗集料的比例大于断级配的比例。其中，California 州和 Arizona 州 4.75 mm 以上的比例稍大于 Texas 州。

(2)断级配和 SMA 相比，细集料较多，粗集料较少。

(3)SMA 级配中 2.36～4.75 mm 的细集料明显多于断级配，California 州和 Arizona 州 2.36～4.75 mm 的细集料比例比 Texas 州稍小。

(4)California 州和 Arizona 州 0.075 mm 以下集料用量非常少，与 SMA 矿粉用量大有很大区别，但是 Texas 州的级配中矿粉用量明显较多。

2)国内橡胶改性沥青混合配合比设计方法

国内普遍采用的密级配 ARHM(W)是交通部公路科学研究院主编的《橡胶沥青及混合料设计施工技术指南》中所推荐的[63]，如表 5-4 所示。

表 5-4　ARHM(W)-13 级配范围

范围	通过下列筛孔的橡胶沥青质量分数/%									
	19 mm	12.5 mm	9.5 mm	4.75 mm	2.36 mm	1.18 mm	0.6 mm	0.3 mm	0.15 mm	0.075 mm
上限	100	100	71	35	28	23	19	15	12	10
下限	100	95	62	25	20	15	12	10	8	6

对比我国《公路沥青路面施工技术规范》(JTG F40—2004)中关于 SMA-13 级配的规定(表 5-5)，表 5-4 中的级配范围偏上限，其中 4.75 mm 筛孔通过率较大，同时 0.075 mm 筛孔通过率偏小。ARHM(W)-13 型沥青混合料马歇尔试验技术指标见表 5-6。

表 5-5　中国 JTG F40—2004 规定的 SMA-13 级配范围

范围	通过下列筛孔的质量分数/%									
	19 mm	12.5 mm	9.5 mm	4.75 mm	2.36 mm	1.18 mm	0.6 mm	0.3 mm	0.15 mm	0.075 mm
上限	100	100	75	34	26	24	20	16	15	12
下限	100	90	50	20	15	14	12	10	9	8

表 5-6　ARHM(W)-13 马歇尔试验技术指标

项目	击实次数	稳定度/kN	*VV*/%	*VFA*/%	*VMA*/%
指标要求	75 次	>8	3~5	70~85	≥13.5

注：*VV*—沥青混合料试件的空隙率；*VFA*—沥青混合料试件的有效沥青饱和度；*VMA*—沥青混合料试件的矿料间隙率。

5.1.2　橡胶改性沥青混合料级配设计原则

采用化学裂解分散、催化聚合使橡胶粉的三维立体结构裂解，达到一定分散度后再重新适度催化聚合而形成部分交联系统的方法生产废旧橡胶改性沥青。裂解橡胶颗粒是在 40~60 目普通橡胶粉的基础上添加一定量的裂解添加剂后重新挤出造粒而成。

现将级配 ARHM16(W)、SMA-16、AC-16、ARHM13(W)以及 SMA-13、AC-13 的范围列于表 5-7。

表 5-7　不同级配范围对比表

级配类型	通过下列筛孔的质量数/%										
	19 mm	16 mm	13.2 mm	9.5 mm	4.75 mm	2.36 mm	1.18 mm	0.6 mm	0.3 mm	0.15 mm	0.075 mm
ARHM16(W)	100	95~100	77~85	54~64	25~35	19~28	15~22	11~18	9~14	7~11	5~9
SMA-16	100	90~100	65~85	45~65	20~32	15~24	14~22	12~18	10~15	9~14	8~12
AC-16	100	90~100	76~92	60~80	34~62	20~48	13~36	9~26	7~18	5~14	4~8

续表5-7

级配类型	通过下列筛孔的质量数/%										
	19 mm	16 mm	13.2 mm	9.5 mm	4.75 mm	2.36 mm	1.18 mm	0.6 mm	0.3 mm	0.15 mm	0.075 mm
ARHM13(W)	—	100	95~100	62~71	25~35	20~28	15~23	12~19	10~15	8~12	6~10
SMA-13	—	100	90~100	50~70	20~34	15~26	14~24	12~20	10~16	9~15	8~12
AC-13	—	100	90~100	68~85	38~68	24~50	15~38	10~28	7~20	5~15	4~8

有研究表明，当粗集料质量分数小于60%时，混合料级配为悬浮式密实结构，而其质量分数在65%左右时则为骨架密实结构，质量分数大于70%时是紧密骨架密实结构。因此由表5-7可知，橡胶改性沥青ARHM系列级配为骨架密实结构。两根曲线组合形成橡胶改性沥青混合料ARHM级配，混合料的曲线选择幂曲线，即：

$$Y=ax^{b} \tag{5-1}$$

式中：a，b为回归系数；Y为通过率，%；x为孔径，mm

根据公式(5-1)，4.75 mm筛孔以上的通过率可以通过计算最大公称粒径的通过率求得，进而得到a、b，最后得到整条曲线。细集料的通过率也可以根据此方法类似求得。

5.1.3 裂解-聚合法橡胶颗粒改性沥青混合料配合比设计方法

对于裂解-聚合法橡胶颗粒改性沥青混合料的配比设计，流程图见图5-1。

(1)裂解-聚合法橡胶颗粒改性沥青混合料配比设计应重点考虑弹性和抗疲劳性能，不仅仅是让其性能超过一般的混合料；

(2)级配采用断级配，借鉴SMA经验，主要增大粗集料嵌挤作用，提高高温性能；

(3)尽可能保证高温的条件下，适当提高沥青用量，改善其抗疲劳性能；

(4)综合考虑实际情况，采用马歇尔试验进行配比设计。

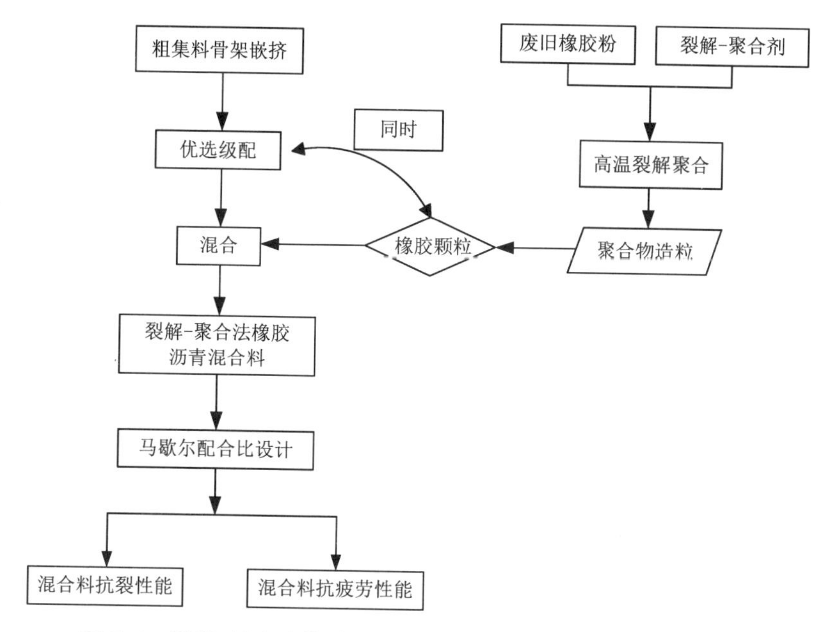

图 5-1　裂解-聚合法橡胶颗粒改性沥青混合料配合比设计流程图

5.1.4　裂解-聚合法橡胶颗粒改性沥青混合料配合比设计技术标准

通过马歇尔试验进行裂解-聚合法橡胶颗粒改性沥青混合料设计，相关指标见表 5-8。

表 5-8　裂解-聚合法橡胶颗粒改性沥青混合料马歇尔试验技术指标

项目	击实次数/次	稳定度/kN	*VV*/%	*VFA*/%	*VMA*/%
指标要求	75	>8	3~5	70~85	≥13.5

注：表中稳定度指流值为 3 mm 时所对应的稳定度。

5.2　裂解-聚合法橡胶颗粒改性沥青混合料配合比设计

5.2.1　原材料

选用 HXL90#基质沥青，集料类型为花岗岩。相关指标如表 5-9~表 5-11 所示。

表 5-9 粗集料技术性能试验结果

指标	10~20 mm	10~15 mm	5~10 mm
表观相对密度	2.723	2.731	2.735
压碎值/%	—	16	—
磨耗值/%	19	20	—
针片状质量分数/%	7.4	6.8	6.1
吸水率/%	0.3	0.7	0.8

表 5-10 细集料技术性能试验结果

技术指标	单位	试验结果	规范要求
表观相对密度	—	2.709	≥2.5
砂当量	%	67	≥60
<0.075 mm 质量分数	%	0.8	≤10

表 5-11 矿粉技术性能试验结果

试验指标		规范要求	试验结果
表观相对密度		≥2.5	2.738
含水量/%		≤1	0.2
亲水系数		<1	0.7
加热安定性		—	颜色无明显变化
粒度范围/%	<0.6 mm	100	100
	<0.15 mm	90~100	98.9
	<0.075 mm	75~100	95.9

5.2.2 裂解-聚合法橡胶颗粒改性沥青混合料配合比设计

裂解橡胶颗粒掺量为20%(占沥青质量)。选择干法、湿法这两种方法进行设计，对比常规橡胶改性沥青与裂解-聚合法橡胶颗粒改性沥青混合料之间的性能差异。

1)湿法工艺

采用湿法时混合料配合比设计步骤与AC-16型级配类似。即将橡胶颗粒先加入沥青中，通过剪切研磨得到改性沥青，然后进行配合比设计，由于先将橡胶颗粒与沥青进行剪切，橡胶颗粒会溶于沥青中，因此在湿法工艺中不考虑橡胶颗粒对级配的影响。合成级配通过率和曲线图见表5-12和图5-2、图5-3。

表5-12　橡胶改性沥青混合料AC-16、ARHM-16设计级配通过率　　单位：%

筛孔尺寸/mm	19.0	16.0	13.2	9.5	4.75	2.36	1.18	0.6	0.3	0.15	0.075
AC-16	100	96.1	91.6	75.0	44.7	36.0	22.2	17.5	13.5	11.3	5.9
ARHM-16	100	98.5	83.4	62.2	33.4	27.3	18.2	14.9	12.2	10.8	7.2

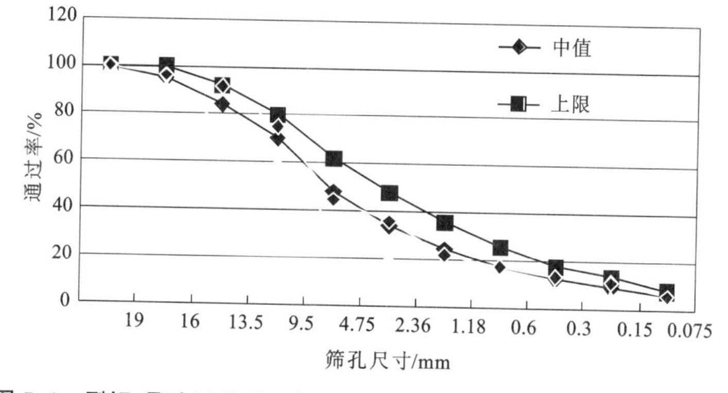

图5-2　裂解-聚合法橡胶颗粒改性沥青AC-16混合料配合比设计曲线

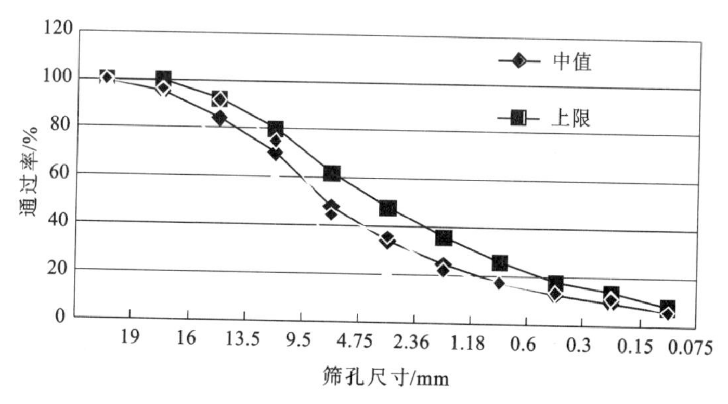

图5-3　裂解-聚合法橡胶颗粒改性沥青ARHM-16混合料配合比设计曲线

两种级配相关马歇尔试验指标见表5-13。

表5-13 裂解-聚合法橡胶颗粒改性沥青混合料(湿拌法)马歇尔试验指标

级配类型	AC-16	ARHM-16
最佳油石比/%	6.0	6.6
稳定度/kN	11.54	10.87
设计空隙率/%	4.0	4.2
矿料间隙率/%	15.0	17.0
沥青饱和度/%	73.3	75.3

2)干法工艺

裂解后橡胶颗粒的粒径为1.18~2 mm。级配选用AC-16与ARHM-16，裂解橡胶颗粒的质量分数为20%，进行相应换算后，其质量占石料的1.2%，针对裂解颗粒对混合料性能的影响，采用两种方案，方案一：只将橡胶颗粒作为添加剂，不考虑其对级配的干涉作用；方案二：将橡胶颗粒作为矿料的一部分，避免橡胶颗粒对级配结构产生干涉，具体过程如表5-14、表5-15所示。

表5-14 ARHM-16型级配掺加橡胶颗粒级配计算过程

筛孔尺寸/mm		0.075以下	0.075	0.15	0.3	0.6	1.18	2.36	4.75	9.5	13.2	16
初始骨料质量分数/%		7.2	3.6	1.4	2.7	3.3	9.1	6.1	28.8	21.2	15.1	1.5
裂解颗粒质量分数/%		—	—	—	—	—	1.2	—	—	—	—	—
等体积替换对应筛孔的集料	集料质量分数/%	7.2	3.6	1.4	2.7	3.3	6.1	6.1	28.8	21.2	15.1	1.5
	裂解颗粒质量分数/%	—	—	—	—	—	1.2	—	—	—	—	—
等体积替换后	集料质量分数/%	7.33	3.67	1.43	2.75	3.36	6.21	6.21	29.33	21.59	15.38	1.53
	裂解颗粒质量分数/%	—	—	—	—	—	1.22	—	—	—	—	—

表 5-15 AC-16 型级配掺加橡胶颗粒级配计算过程

筛孔尺寸/mm		0.075以下	0.075	0.15	0.3	0.6	1.18	2.36	4.75	9.5	13.2	16
初始骨料质量分数/%		5.9	5.4	2.2	4.0	4.7	13.8	8.7	30.3	16.6	4.5	3.9
裂解颗粒质量分数/%		—	—	—	—	—	1.2	—	—	—	—	—
等体积替换对应筛孔的集料	集料质量分数/%	5.9	5.4	2.2	4.0	4.7	10.8	8.7	30.3	16.6	4.5	3.9
	裂解颗粒质量分数/%	—	—	—	—	—	1.2	—	—	—	—	—
等体积替换后	集料质量分数/%	6.01	5.50	2.24	4.07	4.79	11.00	8.86	30.86	16.90	4.58	3.97
	裂解颗粒质量分数/%	—	—	—	—	—	1.22	—	—	—	—	—

从表 5-14、表 5-15 可以看出，若将橡胶颗粒计入级配曲线，不同集料的比例会有所变化，由于使用的橡胶颗粒粒径为 1.18~2 mm，所以粒径为 1.18~2 mm 的集料比例减小相对较多，与普通级配相比，将橡胶颗粒考虑进级配曲线中，能有效避免集料颗粒之间的干涉作用，形成良好的骨架结构，反映到混合料中，则会变现出良好的路用性能。

两种方案中混合料马歇尔试验指标见表 5-16。

表 5-16 橡胶改性沥青混合料(干法)马歇尔试验指标

级配类型	ARHM-16(1)	ARHM-16(2)	AC-16(1)	AC-16(2)
最佳油石比/%	6.5	6.4	6.0	5.9
稳定度/kN	9.63	10.26	10.98	11.56
VV/%	4.4	4.6	4.1	4.2
VMA/%	15.8	16.7	14.2	13.9
VFA/%	72.2	72.5	71.1	69.8

从表5-16可以看出，ARHM-16(1)型沥青混合料的油石比较ARHM-16(2)型更大，AC-16(1)型沥青混合料油石比较AC-16(2)型更大，由此可知，将橡胶颗粒考虑到级配中时，原始级配相当于更粗一些，因此其油石比略有减小，反映到混合料指标上，ARHM-16(1)型沥青混合料的稳定度较ARHM-16(2)型更小。两种沥青混合料的空隙率、矿料间隙率及沥青饱和度差别不是很明显。

5.3 裂解-聚合法橡胶颗粒改性沥青混合料路用性能

5.3.1 高温性能

1)车辙试验

针对AC-16与ARHM-16两种级配进行试验。掺加20%的橡胶颗粒(湿法)进行车辙试验，以普通橡胶改性沥青混合料和SBS改性沥青混合料进行对比，试验温度为60℃，试验结果如表5-17所示。当采用干法制备混合料时车辙试验结果如表5-18所示。干法与湿法的混合料的车辙试验结果对比如图5-4所示。

表5-17　裂解-聚合法橡胶颗粒改性沥青混合料车辙结果(湿法)

混合料类型	45 min 车辙深度/mm	60 min 车辙深度/mm	动稳定度/(次·mm^{-1})
橡胶颗粒改性AC-16	1.822	1.995	3642
橡胶颗粒改性ARHM-16	1.951	2.108	4013
SBS改性AC-16	1.851	2.039	3351
SBS改性ARHM-16	1.894	2.062	3750
橡胶改性AC-16	1.872	2.065	3264
橡胶改性ARHM-16	1.911	2.098	3369

表 5-18　裂解-聚合法橡胶颗粒改性沥青混合料车辙试验结果(干法)

混合料类型	45 min 车辙深度/mm	60 min 车辙深度/mm	动稳定度 /(次·mm^{-1})
AC-16(1)	1.851	2.046	3231
AC-16(2)	1.782	1.951	3728
ARHM-16(1)	1.743	1.924	3481
ARHM-16(2)	1.613	1.754	4468

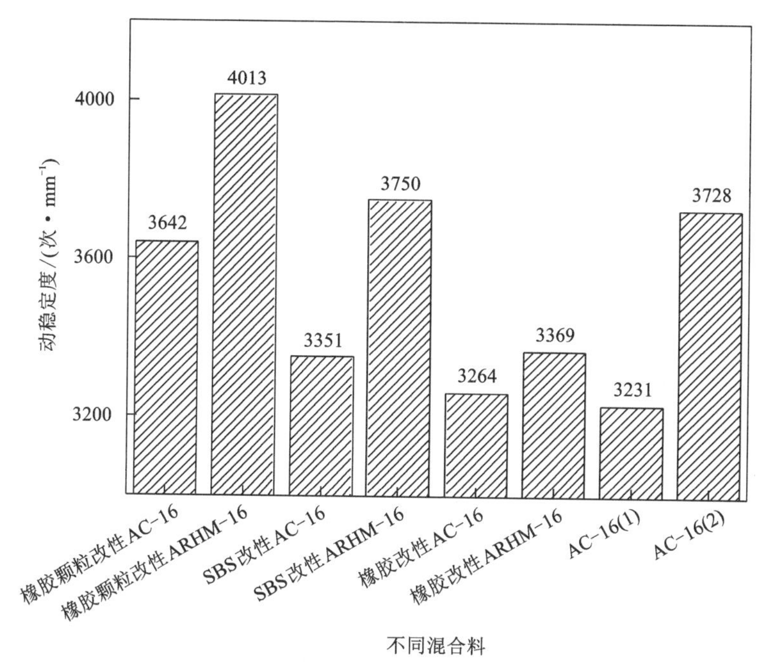

图 5-4　不同沥青混合料车辙试验结果对比图

由表 5-17 可以看出，无论是裂解-聚合法橡胶颗粒改性沥青还是普通橡胶改性沥青混合料，亦或是 SBS 改性沥青，ARHM-16 型级配总比 AC-16 型级配沥青混合料的动稳定度大，证明裂解-聚合法橡胶颗粒改性沥青用于间断级配，其高温性能较好。对比 SBS 改性 ARHM-16 型级配沥青混合料与裂解-聚合法橡胶颗粒改性 ARHM-16 型级配沥青混合料，发现 20%裂解橡胶颗粒的混合料与 4.2%

SBS 的混合料的高温性能相当，说明裂解的橡胶颗粒对混合料的高温性能有较大改善，其比 SBS 改性沥青具有更好的抗车辙能力，对比两种橡胶改性沥青，裂解-聚合法橡胶颗粒改性沥青混合料的动稳定度明显优于普通橡胶改性沥青，表明经过裂解-聚合法制得的橡胶颗粒改性沥青高温性能优异。

从表 5-18 可知，AC-16(1)型级配沥青混合料的动稳定度小于 AC-16(2)型级配沥青混合料，ARHM-16(1)型级配沥青混合料的动稳定度小于 ARHM-16(2)型级配沥青混合料，由此表明将橡胶颗粒计入级配曲线，会最大程度上发挥橡胶颗粒的作用，很大程度上有利于沥青混合料的高温稳定性。

由图 5-4 可以看出，AC-16(1)[ARHM-16(1)]型级配裂解-聚合法橡胶颗粒改性沥青混合料的动稳定度小于 AC-16(ARHM-16)型级配沥青混合料的动稳定度，而 AC-16(ARHM-16)型级配沥青混合料的动稳定度又低于 AC-16(2)[ARHM-16(2)]型级配裂解-聚合法橡胶颗粒改性沥青混合料的动稳定度。这表明湿法工艺制备的混合料的高温稳定性不一定优于干法，主要是橡胶颗粒在混合料中的分布起主要作用，若橡胶颗粒能与集料形成嵌挤结构，不与其他粒径的集料发生干涉作用，那么其高温稳定性就比较出色，由于混合料的高温抗车辙性能受级配影响较大，因此，单从混合料的高温性能来看，考虑橡胶颗粒对级配的干涉作用，将橡胶颗粒计入级配曲线中对裂解-聚合法橡胶颗粒改性沥青混合料的高温性能改善更好。

2)裂解-聚合法橡胶颗粒改性沥青混合料适用工艺

在废胎橡胶粉品种和掺量相同的条件下，湿法工艺的橡胶沥青混合料与干法工艺的橡胶沥青混合料的高温性能有所差别。国外有些专家认为湿法橡胶沥青混合料的抗永久变形能力好于干法橡胶沥青混合料[64]，试验表明干法工艺生产的混合料不一定劣于湿法工艺，若将橡胶颗粒计入级配曲线，其高温性能优于湿法工艺，若不将橡胶颗粒计入级配曲线，其高温性能与湿法工艺相当。考虑到橡胶粉和沥青的作用机理，沥青的轻质油分会通过干法工艺吸收，进而加快沥青老化进程，为了规避这种影响，一般考虑干法工艺最好应用于中下层，表面层尽可能采用湿法工艺。

3)贯入剪切试验

通过应力强度因子评价混合料的高温抗剪切性能，该试验方法综合考虑了路面实际情况，通过特别制备的装置以模拟实际受力情况[65]，试验原理如图 5-5 所示。

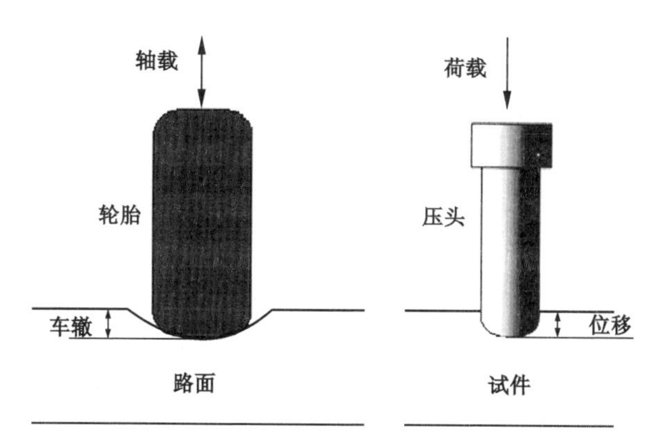

图 5-5　贯入剪切试验原理

试验加载速率为 50 mm/min，远大于传统剪切试验的加载速率(1 mm/min)，位移强度大，试验简单，其可以和冻融劈裂试验、小梁低温弯曲试验等建立相关性。不同方法得到的试样均可以进行该试验，包括旋转压实、钻芯取样等。

试验中试样保温时间为 3 h，温度为 60℃，试验过程中记录最大荷载及对应的位移。贯入剪切试验所用压头的尺寸见图 5-6，指标计算见式(5-2)，表 5-19、表 5-20 为相应的试验结果，为进一步分析几种混合料的性能，对其进行方差分析，如表 5-21、表 5-22 所示。

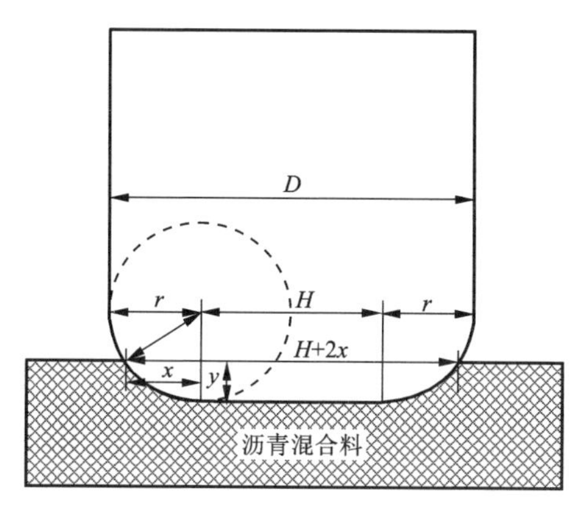

图 5-6　压头尺寸(D=40 mm，r=10 mm)

$$S_D=\frac{4P}{\pi[D-2(r-\sqrt{2ry-y^2})]^2} \tag{5-2}$$

式中：S_D 为应力强度，MPa；P 为破坏荷载，N；y 为破坏位移，mm；D 为压头直径，mm；r 为倒角半径，mm。

表 5-19　混合料贯入剪切试验结果(湿法)

沥青混合料类型	P/kN	y/mm	S_D/MPa
橡胶颗粒改性 AC-16	5.47	4.71	5.09
橡胶颗粒改性 ARHM-16	6.69	5.74	5.87
SBS 改性 AC-16	4.64	5.06	4.23
SBS 改性 ARHM-16	4.82	5.13	4.37
橡胶改性 AC-16	4.56	5.23	4.11
橡胶改性 ARHM-16	4.89	5.84	4.27

表 5-20　混合料贯入剪切试验结果(干法)

沥青混合料类型	P/kN	y/mm	S_D/MPa
AC-16(1)	5.59	5.54	4.95
AC-16(2)	5.64	5.21	5.09
ARHM-16(1)	5.35	4.27	5.14
ARHM-16(2)	6.54	5.04	5.96

注：AC-16(1)和 ARHM-16(1)表示不将橡胶颗粒计入级配曲线，AC-16(2)和 ARHM-16(2)表示将橡胶颗粒计入级配曲线。

为了了解不同方案之间差异性的大小，研究不同沥青混合料高温性能的差异，通过最小平方距离法(LSD 法)以更深一步检验不同混合料之间的抗剪切强度的不同。在 60℃下其剪切强度分析结果如表 5-21 和表 5-22 所示。

表 5-21　不同改性沥青混合料剪切强度 LSD 比较(湿法)

(I)分组	(J)分组	差值	标准误差	显著性差异系数	95%的置信区间	
					下限	上限
橡胶颗粒改性AC-16	橡胶颗粒改性 ARHM-16	-0.7725*	0.12271	0.000	-1.0303	-0.5147
	SBS 改性 AC-16	0.7250*	0.12271	0.000	0.4672	0.9828
	SBS 改性 ARHM-16	0.7250*	0.12271	0.000	0.4672	0.9828
	橡胶改性 AC-16	0.8600*	0.12271	0.000	0.6022	1.1178
	橡胶改性 ARHM-16	0.8275*	0.12271	0.000	0.5697	1.0853
橡胶颗粒改性ARHM-16	橡胶颗粒改性 AC-16	0.7725*	0.12271	0.000	0.5147	1.0303
	SBS 改性 AC-16	1.4975*	0.12271	0.000	1.2397	1.7553
	SBS 改性 ARHM-16	1.4975*	0.12271	0.000	1.2397	1.7553
	橡胶改性 AC-16	1.6325*	0.12271	0.000	1.3747	1.8903
	橡胶改性 ARHM-16	1.6000*	0.12271	0.000	1.3422	1.8578
SBS 改性AC-16	橡胶颗粒改性 AC-16	-0.7250*	0.12271	0.000	-0.9828	-0.4672
	橡胶颗粒改性 ARHM-16	-1.4975*	0.12271	0.000	-1.7553	-1.2397
	SBS 改性 ARHM-16	0.0000	0.12271	1.000	-0.2578	0.2578
	橡胶改性 AC-16	0.1350	0.12271	0.286	-0.1228	0.3928
	橡胶改性 ARHM-16	0.1025	0.12271	0.415	-0.1553	0.3603
SBS 改性ARHM-16	橡胶颗粒改性 AC-16	-0.7250*	0.12271	0.000	-0.9828	-0.4672
	橡胶颗粒改性 ARHM-16	-1.4975*	0.12271	0.000	-1.7553	-1.2397
	SBS 改性 AC-16	0.0000	0.12271	1.000	-0.2578	0.2578
	橡胶改性 AC-16	0.1350	0.12271	0.286	-0.1228	0.3928
	橡胶改性 ARHM-16	0.1025	0.12271	0.415	-0.1553	0.3603
橡胶改性AC-16	橡胶颗粒改性 AC-16	-0.8600*	0.12271	0.000	-1.1178	-0.6022
	橡胶颗粒改性 ARHM-16	-1.6325*	0.12271	0.000	-1.8903	-1.3747
	SBS 改性 AC-16	-0.1350	0.12271	0.286	-0.3928	0.1228
	SBS 改性 ARHM-16	-0.1350	0.12271	0.286	-0.3928	0.1228
	橡胶改性 ARHM-16	-0.0325	0.12271	0.794	-0.2903	0.2253

续表5-21

(*I*)分组	(*J*)分组	差值	标准误差	显著性差异系数	95%的置信区间	
					下限	上限
橡胶改性ARHM-16	橡胶颗粒改性 AC-16	-0.8275*	0.12271	0.000	-1.0853	-0.5697
	橡胶颗粒改性 ARHM-16	-1.6000*	0.12271	0.000	-1.8578	-1.3422
	SBS 改性 AC-16	-0.1025	0.12271	0.415	-0.3603	0.1553
	SBS 改性 ARHM-16	-0.1025	0.12271	0.415	-0.3603	0.1553
	橡胶改性 AC-16	0.0325	0.12271	0.794	-0.2253	0.2903

* 均值差的显著性水平为 0.05。

表 5-22　裂解-聚合法橡胶颗粒改性沥青混合料剪切强度 LSD 比较(干法)

(*I*)分组	(*J*)分组	差值	标准误差	显著性差异系数	95%的置信区间	
					下限	上限
AC-16(1)	AC-16(2)	-1.0500*	0.15762	0.000	-1.3934	-0.7066
	ARHM-16(1)	-2.3000*	0.15762	0.000	-2.6434	-1.9566
	ARHM-16(2)	-2.5425*	0.15762	0.000	-2.8859	-2.1991
AC-16(2)	AC-16(1)	1.0500*	0.15762	0.000	0.7066	1.3934
	ARHM-16(1)	-1.2500*	0.15762	0.000	-1.5934	-0.9066
	ARHM-16(2)	-1.4925*	0.15762	0.000	-1.8359	-1.1491
ARHM-16(1)	AC-16(1)	2.3000*	0.15762	0.000	1.9566	2.6434
	AC-16(2)	1.2500*	0.15762	0.000	0.9066	1.5934
	ARHM-16(2)	-0.2425	0.15762	0.150	-0.5859	0.1009
ARHM-16(2)	AC-16(1)	2.5425*	0.15762	0.000	2.1991	2.8859
	AC-16(2)	1.4925*	0.15762	0.000	1.1491	1.8359
	ARHM-16(1)	0.2425	0.15762	0.150	-0.1009	0.5859

*. 均值差的显著性水平为 0.05。

注：AC-16(1)和 ARHM-16(1)表示不将橡胶颗粒计入级配曲线，AC-16(2)和 ARHM-16(2)表示将橡胶颗粒计入级配曲线。

由表5-21可知，首先对AC-16型沥青混合料进行方差分析，裂解-聚合法橡胶颗粒改性沥青AC-16型与SBS改性沥青、普通橡胶改性沥青AC-16型混合料的显著性差异系数均为0，由此表明裂解-聚合法橡胶颗粒改性沥青AC-16型混合料的抗剪切性能优于SBS改性和普通橡胶改性沥青AC-16型混合料；而SBS改性AC-16型与普通橡胶改性沥青AC-16型混合料的显著性差异系数为0.286，大于0.05，因此普通橡胶粉与SBS对AC-16型沥青混合料的高温抗剪切性能改善差异性不显著。

通过对比不同改性沥青ARHM-16型沥青混合料的抗剪强度可知，其与AC-16型沥青混合料呈现相同的规律，其中裂解-聚合法橡胶颗粒改性沥青ARHM-16型与SBS改性沥青、普通橡胶改性沥青AC-16型混合料的显著性差异系数也均为0；SBS改性沥青ARHM-16型与普通橡胶改性沥青ARHM-16型混合料的显著性差异系数为0.415，表明对于高温抗剪切性能，裂解-聚合法橡胶颗粒改性沥青ARHM-16型优于SBS改性沥青，并且显著优于常规橡胶改性沥青ARHM-16型。

同样使用裂解-聚合法橡胶颗粒改性沥青，AC-16型与ARHM-16型之间的显著性差异系数为0，远小于0.05，对于普通橡胶改性沥青，其显著性差异系数也为0，由此说明级配对橡胶改性沥青混合料的高温性能影响较显著；而对于SBS改性沥青，AC-16型沥青混合料与ARHM-16型沥青混合料之间的显著性差异系数为1.0，由此表明ARHM-16型级配并不适用于SBS改性沥青，因此对于抗剪切性能，裂解-聚合法橡胶颗粒改性更适于间断级配，级配对橡胶改性沥青混合料的高温抗剪切性能影响很显著。

由表5-22可知，AC-16(1)与AC-16(2)的显著性差异系数为0，远远小于0.05，由此说明将橡胶颗粒计入级配曲线对沥青混合料的高温性能影响非常显著，ARHM-16(1)型沥青混合料与AC-16(1)型沥青混合料的显著性差异系数为0，说明级配对裂解-聚合法橡胶颗粒改性沥青混合料的抗剪切性能影响非常显著。

对比湿法和干法裂解-聚合法橡胶颗粒改性沥青混合料的剪切强度，方差分析如表5-23所示。

表 5-23 不同裂解-聚合法橡胶颗粒改性沥青混合料剪切强度 LSD 比较

(I)分组	(J)分组	差值	标准误差	显著性差异系数	95%的置信区间	
					下限	上限
AC-16	AC-16(1)	-0. 1475	0. 16503	0. 389	-0. 5071	0. 2121
	AC-16(2)	-0. 2475	0. 16503	0. 024	-0. 6071	0. 1121
ARHM-16	ARHM-16(1)	0. 1475	0. 16503	0. 036	-0. 2121	0. 5071
	ARHM-16(2)	-0. 1000	0. 16503	0. 116	-0. 4596	0. 2596

注：均值差的显著性水平为 0. 05。

由表 5-23 可知，AC-16 型沥青混合料与 AC-16(1)型沥青混合料、AC-16(2)型沥青混合料的显著性差异系数分别为 0. 389、0. 024，说明湿法制备的裂解-聚合法橡胶颗粒改性沥青混合料较干法制备混合料，其剪切强度不一定好，若将橡胶颗粒计入级配曲线中，那么其剪切强度较湿法高，若不计入级配曲线中，则其剪切强度较湿法低，ARHM-16 型沥青混合料的规律基本类似。

5.3.2 低温性能

实际路面在环境温度下降时，其内部的温度应力等会超过材料本身的极限强度，因此路面产生破坏，形成温缩裂缝[67]。一般评价其低温性能采用小梁弯曲试验，若其抗弯拉强度大、破坏应变大，则抗裂性较好。表 5-24、表 5-25 是几种混合料的低温试验结果。

表 5-24 裂解-聚合法橡胶颗粒湿法改性混合料低温结果

混合料类型	抗弯拉强度/MPa	最大弯拉应变	弯曲劲度模量/MPa
橡胶颗粒改性 AC-16	8. 78	2970	2956
橡胶颗粒改性 ARHM-16	8. 45	3180	2657
SBS 改性 AC-16	8. 80	3510	2507
SBS 改性 ARHM-16	9. 00	3540	2406
橡胶改性 AC-16	7. 73	2451	3154
橡胶改性 ARHM-16	8. 12	2674	3037

表 5-25　裂解-聚合法橡胶颗粒干法改性混合料低温结果

混合料类型	抗弯拉强度/MPa	最大弯拉应变	弯曲劲度模量/MPa
AC-16(1)	8.87	2520	3520
AC-16(2)	9.16	2960	2810
ARHM-16(1)	9.63	2830	3287
ARHM-16(2)	9.90	3070	3028

注：AC-16(1)和 ARHM-16(1)表示不将橡胶颗粒计入级配曲线，AC-16(2)和 ARHM-16(2)表示将橡胶颗粒计入级配曲线。

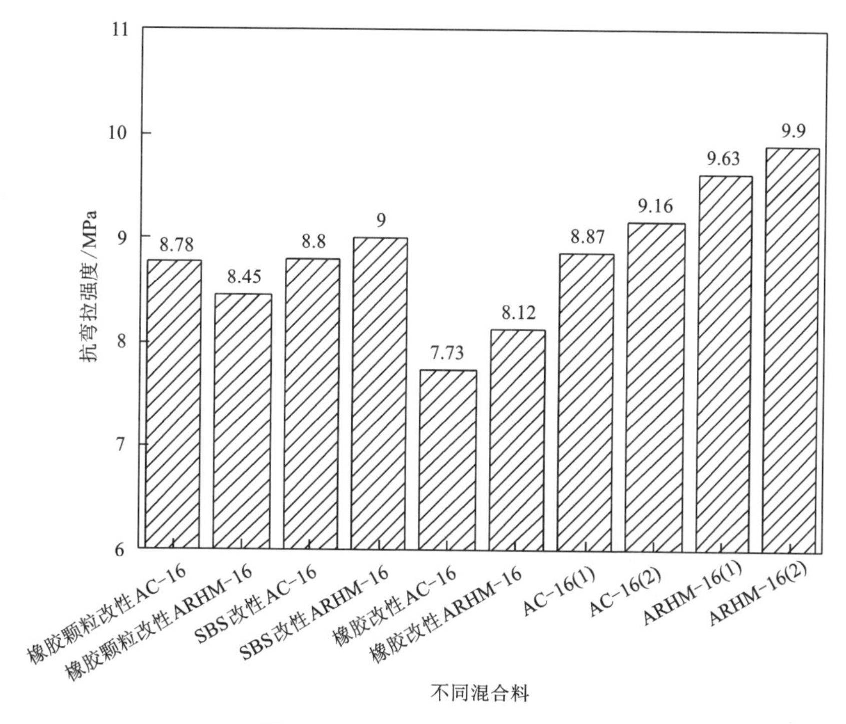

图 5-7　不同混合料抗弯拉强度

由图 5-7、图 5-8 可知，首先对 AC-16 型沥青混合料进行分析，裂解-聚合法橡胶颗粒改性沥青 AC-16 型的抗弯拉强度以及破坏应变稍小于 SBS 改性沥青 AC-16 型，同时其又大于常规橡胶改性沥青，由此表明裂解-聚合法橡胶颗粒改

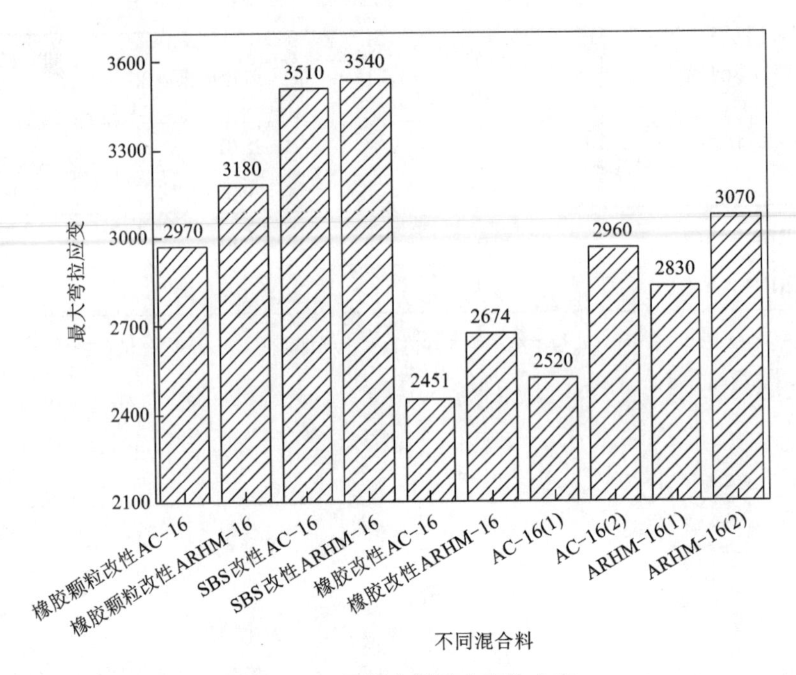

图 5-8　不同混合料最大弯拉应变

性沥青 AC-16 型混合料的低温抗裂性能已经与 SBS 改性沥青 AC-16 型混合料相当，通过裂解-聚合法制得的橡胶颗粒改性沥青的低温性能明显优于普通橡胶改性沥青混合料。

通过对比不同改性沥青 ARHM-16 型混合料的最大弯拉应变可知，其与 AC-16 型沥青混合料呈现相同的规律，其中裂解-聚合法橡胶颗粒改性沥青 ARHM-16 型的抗弯拉强度与最大弯拉应变稍小于 SBS 改性沥青 AC-16 型，且其同样优于普通橡胶改性沥青混合料，由此表明裂解-聚合法橡胶颗粒改性沥青 ARHM-16 型混合料的低温抗裂性能与 SBS 改性沥青 ARHM-16 型混合料相当，通过裂解-聚合法制得的橡胶颗粒改性沥青的低温性能明显优于普通橡胶改性沥青混合料。

同样使用裂解-聚合法橡胶颗粒改性沥青，AC-16 型沥青混合料与 ARHM-16 型沥青混合料之间的差异较大，ARHM-16 型沥青混合料相较于 AC-16 型沥青混合料，其最大弯拉应变提高了近 10%。而 SBS 改性沥青、普通橡胶改性沥青混合料，对于破坏应变，ARHM-16 型不同混合料均有改善，其中 SBS 改性沥青改善得不明显，由此说明 ARHM-16 型级配并不适用于 SBS 改性沥青，而对于低温性能，裂解-聚合法橡胶颗粒改性沥青的间断级配更适合，级配对橡胶颗粒改性沥青混合料的低温抗裂性能影响很显著。

若将橡胶颗粒计入级配曲线[AC-16(2)、ARHM-16(2)]，其弯拉强度与最大弯拉应变也高于未将橡胶颗粒计入级配曲线的裂解-聚合法橡胶颗粒改性沥青混合料[AC-16(1)、ARHM-16(1)]，说明级配干涉作用对混合料的低温性能影响较显著。干法工艺与湿法工艺相比，对于弯拉强度、破坏应变，湿法工艺制备的裂解-聚合法橡胶颗粒改性沥青混合料均较大，所以湿法工艺制备的沥青混合料的低温抗裂性更优。

5.3.3　水稳定性

沥青路面的病害中，水损害破坏比较严重，由于环境和荷载，再加上水分，会产生水循环破坏作用[68]，水逐渐侵蚀混合料，造成沥青和石料易剥离，使其耐久性大大降低。

一般评价水稳定性主要包括残留稳定度试验和冻融劈裂试验，残留稳定度试验方法只在 60℃ 的水浴环境下进行，而冻融劈裂试验通过冰冻-消融作用来模拟实际情况，进而评价其抗水损害性[69]，因此冻融劈裂试验更能满足内蒙古地区的气候环境需要，表 5-26、表 5-27 分别为湿法、干法两种情况下混合料的冻融劈裂试验结果。

表 5-26　不同混合料湿法冻融劈裂试验结果

混合料类型	冻融前/MPa	冻融后/MPa	TSR/%
橡胶颗粒改性 AC-16	0.877	0.845	85.86
橡胶颗粒改性 ARHM-16	0.926	0.874	87.04
SBS 改性 AC-16	0.984	0.852	88.31
SBS 改性 ARHM-16	0.932	0.864	87.45
橡胶改性 AC-16	0.786	0.662	84.22
橡胶改性 ARHM-16	0.821	0.701	85.38

表 5-27　不同混合料干法冻融劈裂试验结果

混合料类型	冻融前/MPa	冻融后/MPa	TSR/%
AC-16(1)	0.845	0.694	82.13
AC-16(2)	0.874	0.726	83.07
ARHM-16(1)	0.852	0.724	84.98
ARHM-16(2)	0.864	0.737	85.30

注：AC-16(1)和 ARHM-16(1)表示不将橡胶颗粒计入级配曲线，AC-16(2)和 ARHM-16(2)表示将橡胶颗粒计入级配曲线。

由图 5-9 可知，对 AC-16 型沥青混合料进行分析，裂解-聚合法橡胶颗粒改性沥青 AC-16 型的冻融劈裂强度比稍小于 SBS 改性沥青 AC-16 型，而其又优于普通橡胶改性沥青混合料，由此说明裂解-聚合法橡胶颗粒改性沥青 AC-16 型混合料的抗水损害性与 SBS 改性沥青 AC-16 型混合料相当，通过裂解-聚合法制得的橡胶颗粒改性沥青的水稳定性明显优于普通橡胶改性沥青混合料。

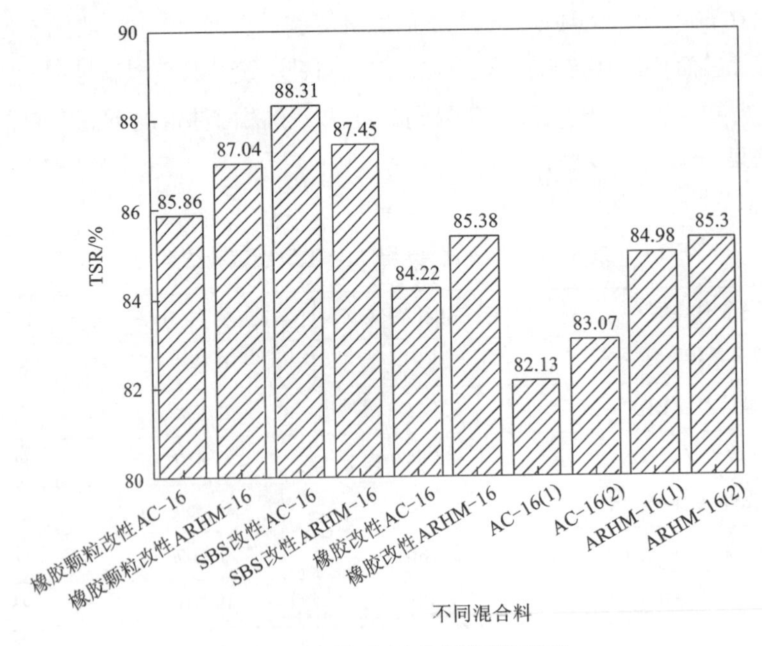

图 5-9　不同混合料冻融劈裂强度比

通过对比不同改性沥青 ARHM-16 型混合料的最大弯拉应变可知，其与 AC-16 型沥青混合料呈现相同的规律，其中裂解-聚合法橡胶颗粒改性沥青 ARHM-16 型的冻融劈裂强度比稍小于 SBS 改性沥青 AC-16 型，而其同样优于普通橡胶颗粒改性沥青混合料，由此表明裂解-聚合法橡胶颗粒改性沥青 ARHM-16 型混合料的水稳定性与 SBS 改性沥青 ARHM-16 型混合料相当，通过裂解-聚合法制得的橡胶颗粒改性沥青的水稳定性明显优于普通橡胶改性沥青混合料。

同样使用裂解-聚合法橡胶颗粒改性沥青，AC-16 型与 ARHM-16 型之间的差异较大，ARHM-16 型相较于 AC-16 型混合料，其冻融劈裂强度比提高了 2%，而 SBS 改性沥青、普通橡胶改性沥青混合料，对冻融劈裂强度比，其 ARHM-16 型的不同混合料均得到改善，其中 SBS 改性沥青改善得不明显。由此说明 ARHM-16 型级配并不适用于 SBS 改性沥青，而间断级配沥青混合料可以显著提高裂解-聚合法橡胶颗粒改性沥青混合料的水稳定性，级配对橡胶改性混合料的水稳定性影响很显著。

由表 5-27、图 5-9 可知，AC-16(2)[ARHM-16(2)]较 AC-16(1)[ARHM-16(1)]的劈裂强度与冻融劈裂强度比均有所增大，表明将橡胶颗粒计入级配曲线有助于提高裂解-聚合法橡胶颗粒改性沥青的抗水损害能力。

由图 5-9 可知，同样的级配，AC-16 型裂解-聚合法橡胶颗粒改性沥青混合料的冻融劈裂强度比明显高于 AC-16(1)型与 AC-16(2)型，ARHM-16 型级配有相似的变化趋势。在冻融循环条件下，对于裂解-聚合法橡胶颗粒改性，干拌法的不同混合料，其 TSR 均有所下降，主要是因为裂解颗粒本身较小，其吸油，造成集料表面的沥青相对较少，因而 TSR 有所下降。

5.3.4　抗疲劳性能

1)疲劳寿命模型

目前用来研究抗疲劳性能的方法包括现象学法、力学近似法[70]。现象学法主要通过研究应力应变和疲劳寿命间的相关关系，分析其抗疲劳性能的变化；而力学近似法侧重于断裂性能，以此为基础研究裂缝如何扩展。目前，多数抗疲劳研究运用的是现象学法。其又分为两种方式，即应变或者应力控制[71]，本书通过应力控制进行抗疲劳性能的研究。

应力控制方式即通过控制所施加应力的大小不变，根据应变随着疲劳次数的增加逐渐变化，求得疲劳寿命次数。式(5-3)为疲劳方程。

$$\lg N_f = k + n(\sigma/s) \tag{5-3}$$

式中：σ/s 为应力比；k 为曲线截距；N_f 为加载次数；n 为曲线斜率。

通过将应力、疲劳寿命进行对数回归，得到回归曲线，通过 k 和 n 评价抗疲劳性能，n 值与疲劳寿命对应力的敏感度呈正比，k 值与抗疲劳性能也呈正比。

2)疲劳试验方案

为研究裂解-聚合法橡胶颗粒改性沥青混合料的抗疲劳特性，采用 MTS 对裂解-聚合法橡胶颗粒改性沥青混合料进行疲劳试验，裂解颗粒质量分数为 20%，表 5-28 为试验相关参数。

表 5-28　试验相关参数

试件尺寸	试验设备	加载方式	支点间距	试验温度	加载频率	加载波形	应力比
40 mm×40 mm×250 mm	MTS	中点加载	200 mm	15℃	10 Hz	连续式正弦波	0.2、0.3、0.4、0.5

3)疲劳试验结果

在疲劳试验前，先通过弯曲试验测得材料的最大弯拉应力，进而得到不同水平下的应力。结果如表 5-29、表 5-30 所示。

表 5-29　不同湿拌法混合料弯拉应力

方案	混合料类型	破坏荷载/kN
1#	AC-16	0.913
2#	ARHM-16	1.014
3#	SBS 改性 AC-16	1.025
4#	SBS 改性 ARHM-16	1.116

表 5-30　不同干拌法混合料弯拉应力

方案	混合料类型	破坏荷载/kN
5#	AC-16(1)	0.844
6#	AC-16(2)	0.962
7#	ARHM-16(1)	0.977
8#	ARHM-16(2)	1.085

不同方案沥青混合料疲劳试验结果如表 5-31、表 5-32 所示。

表 5-31　裂解-聚合法橡胶颗粒改性沥青湿拌法混合料疲劳结果

方案	荷载/kN	σ/s	N_f	$\lg(N_f)$	k	n	R^2
1#	0.913	0.2	10826	4.03	4.765	4.217	0.968
		0.3	6234	3.79			
		0.4	1746	3.24			
		0.5	842	2.93			
2#	1.014	0.2	10114	4.00	4.843	3.481	0.946
		0.3	6846	3.84			
		0.4	2059	3.31			
		0.5	1007	3.00			
3#	1.025	0.2	12826	4.11	4.867	3.483	0.985
		0.3	7234	3.86			
		0.4	2746	3.44			
		0.5	1142	3.06			
4#	1.116	0.2	14314	4.16	4.965	3.315	0.969
		0.3	8846	3.95			
		0.4	3059	3.49			
		0.5	1203	3.08			

表 5-32 裂解-聚合法橡胶颗粒改性沥青干拌法混合料疲劳结果

方案	荷载/kN	应力比	σ/s	N_f	k	n	R^2
5#	0.844	0.2	9534	3.98	4.648	4.419	0.963
		0.3	5187	3.71			
		0.4	1442	3.16			
		0.5	834	2.92			
6#	0.962	0.2	9867	3.99	4.742	3.711	0.969
		0.3	5764	3.76			
		0.4	1786	3.25			
		0.5	943	2.97			
7#	0.977	0.2	10754	4.03	4.715	3.736	0.974
		0.3	6456	3.81			
		0.4	2178	3.34			
		0.5	931	2.97			
8#	1.086	0.2	10239	4.01	4.838	3.389	0.938
		0.3	7496	3.87			
		0.4	2364	3.37			
		0.5	892	2.95			

由表5-31可知，与ARHM-16型相比，AC-16型裂解-聚合法橡胶颗粒改性沥青的k值与n值都减小，说明AC-16型裂解-聚合法橡胶颗粒改性沥青混合料的疲劳寿命较短，其对应力水平变化的敏感性也较弱。由此表明对于抗疲劳性能，级配对裂解-聚合法橡胶颗粒改性沥青的影响很大，对应力水平变化敏感程度的影响也较大。与橡胶颗粒改性沥青AC-16型(橡胶颗粒改性ARHM-16型)相比，SBS改性沥青AC-16型(SBS改性ARHM-16型)混合料的k值略微增大，n值减小，表明SBS改性沥青混合料的疲劳寿命比裂解-聚合法橡胶颗粒改性沥青混合料的疲劳寿命长，但是增长幅度不大，且SBS改性沥青混合料对应力水平的变化敏感度更差一点。

由表5-32可知，与AC-16(2)型相比，AC-16(1)型裂解-聚合法橡胶颗粒改性沥青的k值减小，n值变大，与ARHM-16(2)型相比，ARHM-16(1)型裂解-

聚合法橡胶颗粒改性沥青的 k 值也减小，而 n 值也变大，由此说明，若将橡胶颗粒计入级配，会造成裂解-聚合法橡胶颗粒改性沥青的 k 增大，使其抗疲劳性能改善，并且其 n 值减小，对于其应力敏感度，裂解-聚合法橡胶颗粒改性沥青显著降低，由此说明若将橡胶颗粒进行干法施工，最好将橡胶颗粒计入级配曲线，否则橡胶颗粒容易与其他粒径的集料发生干涉作用，导致混合料的抗疲劳性能大大降低。

由图 5-10、图 5-11 对比可知，干法和湿法对裂解-聚合法橡胶颗粒改性沥青混合料的抗疲劳性能影响较大，对比 ARHM-16 型与 ARHM-16(1)型、ARHM-16(2)型的疲劳曲线可知，ARHM-16(1)型裂解-聚合法橡胶颗粒改性沥青混合料的 k 值最小，ARHM-16 型混合料的 k 值最大，n 值也最大，表明相比于干法，湿法制备的混合料的疲劳寿命较长，且其对应力水平的敏感度也最大，AC-16 型裂解-聚合法橡胶颗粒改性沥青混合料呈现相同的规律。由此说明湿法制备的裂解-聚合法橡胶颗粒改性沥青混合料的抗疲劳性能更好。

裂解-聚合法橡胶颗粒改性沥青混合料的抗疲劳性能和 SBS 改性沥青相比基本相当，主要是掺加裂解颗粒后，混合料刚度减小，相应的其柔性增强，所以提高了抗疲劳性能，同时降低了应力敏感性。裂解-聚合法橡胶颗粒改性沥青混合料表现出良好的抗疲劳性能。

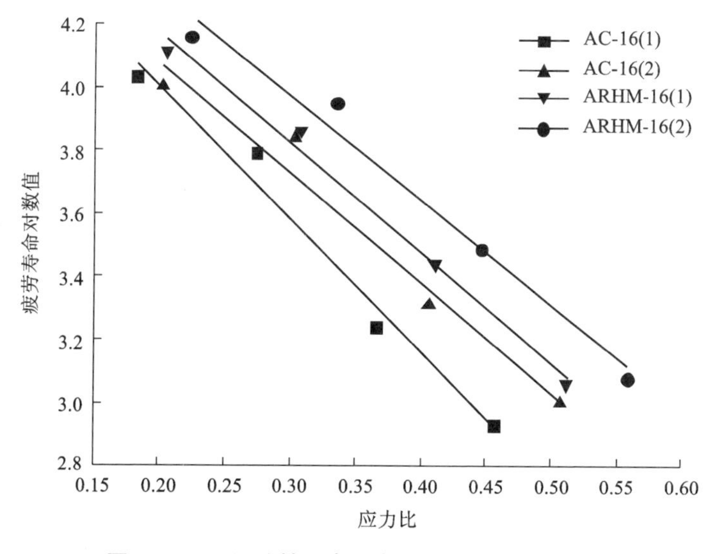

图 5-10　不同改性沥青混合料对数疲劳图(湿法)

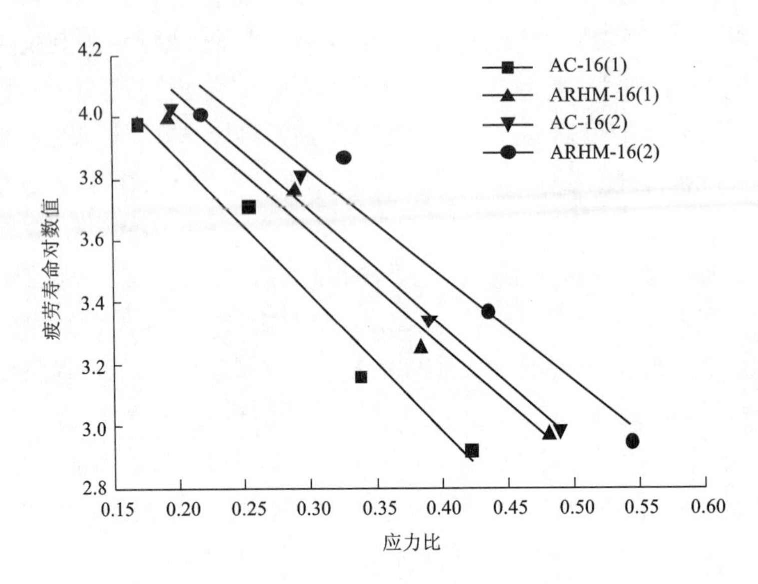

图 5-11　不同改性沥青混合料对数疲劳图(干法)

从路用性能分析可知，不管哪种制备工艺，即干法和湿法工艺与 SBS 改性沥青混合料相比，裂解-聚合法橡胶颗粒改性沥青混合料均具有与之相当的性能，高温抗车辙能力和水稳定性尤为突出。不同级配对橡胶沥青混合料性能的影响也较大，对于密级配，相应的设计方便，而对于间断级配，其对于裂解-聚合法橡胶颗粒改性更加适用，相比于密级配裂解-聚合法橡胶颗粒改性沥青混合料，断级配的混合料性能表现更出色。干法与湿法对橡胶沥青混合料的性能有较大影响，其中干法制备时，是否将橡胶颗粒计入级配曲线显得尤为重要，将橡胶颗粒计入级配曲线，可以有效避免其与其他集料的干涉作用，能与集料形成性能良好的结构，与不将橡胶颗粒计入级配曲线相比，其混合料的各项性能也表现出色。

5.4　裂解-聚合法的配比设计分析

上节对于裂解-聚合法橡胶颗粒改性进行了相关试验验证，常规橡胶改性沥青混合料的性能远远达不到裂解-聚合法橡胶颗粒改性沥青混合料所表现出的优异性能，因此，在对不同混合料的性能进行综合分析时，暂且对常规橡胶粉改性不予考虑，针对各项路用性能，对其余 8 种混合料的性能进行排序(表 5-33)，以直观地对比这8种沥青混合料不同性能的高低，进而对裂解-聚合法橡胶颗粒改性沥青混合料，提出相应的使用建议。

表5-33　8种沥青混合料不同性能排序

沥青混合料类型		高温	低温	水稳定性	抗疲劳性能
干法	AC-16(1)	8	8	8	8
	AC-16(2)	4	6	7	6
	ARHM-16(1)	6	7	6	7
	ARHM-16(2)	1	4	5	4
湿法	AC-16(橡胶颗粒)	5	5	4	5
	AC-16(SBS改性沥青)	7	2	1	2
	ARHM-16(橡胶颗粒)	2	3	3	3
	ARHM-16(SBS改性沥青)	3	1	2	1

注：AC-16(1)和ARHM-16(1)表示不将橡胶颗粒计入级配曲线，AC-16(2)和ARHM-16(2)表示将橡胶颗粒计入级配曲线。

由表5-33可知，对于湿法工艺，ARHM-16型级配的各项路用性能均优于AC-16型级配，SBS改性沥青混合料(AC-16、ARHM-16)的高温性能劣于裂解-聚合法橡胶颗粒改性沥青混合料(AC-16、ARHM-16)，其中ARHM-16型SBS改性沥青混合料的低温、水稳定性及抗疲劳性能均优于ARHM-16型裂解-聚合法橡胶颗粒改性沥青混合料。

对于干法工艺，ARHM-16型级配的各项路用性能均优于AC-16型级配，不同级配下，将橡胶颗粒计入级配曲线后，其高低温、水稳定性以及抗疲劳性能均得到显著提升。

同种级配下，除高温性能外，湿法工艺制备的沥青混合料的其他各项性能基本均优于干法工艺，其中干法工艺制得混合料的高温性能优于湿法工艺，若采用干法制备裂解-聚合法橡胶颗粒改性沥青混合料，其性能虽与湿法有差异，但是将橡胶颗粒计入级配曲线后，其各项路用性能与湿法工艺差异不大。

综上所述，对于裂解-聚合法橡胶颗粒改性沥青混合料配合比设计方案的选取，若在高温地区，应优选干法工艺，将橡胶颗粒计入级配曲线中以得到性能优异的混合料，若在其他地区，最好选择湿法工艺，但是如若条件有限，将橡胶颗粒计入级配曲线中得到的级配，其干法工艺得到的混合料性能优异，同样能应用在实体工程中。

5.5 小结

(1)通过对比干法与湿法工艺，选用相同裂解-聚合法橡胶颗粒改性沥青进行 ARHM-16 和 AC-16 不同级配设计后的沥青混合料性能指标分析可知，两种制备工艺、两种级配都能够达到规范要求的技术性能要求，但 AC 级配设计更简单，裂解-聚合法橡胶颗粒改性更宜采用断级配。

(2)对于干法工艺，将裂解颗粒当作集料计入级配，发现其性能优异，高温等性能与湿法工艺所差无几。

(3)采用车辙试验和贯入剪切试验来评价橡胶改性沥青的高温性能，掺加质量分数为 20%的橡胶改性沥青混合料，其性能与 SBS 掺量为 4.2%的改性沥青混合料性能相当；湿法制备的裂解-聚合法橡胶颗粒改性沥青混合料较干法制备的混合料，其高温性能不一定好，若将橡胶颗粒计入级配曲线中，那么其高温性能较湿法好，而若不计入级配曲线中，其高温性能则较湿法更差，且对于高温性能，常规橡胶改性明显不如裂解-聚合法橡胶颗粒改性。

(4)通过低温小梁弯曲试验可知，加入裂解橡胶颗粒后，混合料的破坏应变显著增大，相比于湿法工艺，干法工艺制备的混合料低温性能稍差些，并且和常规橡胶改性相比，裂解-聚合法橡胶颗粒改性的低温性能更加突出。

(5)采用冻融劈裂试验进行水稳定性试验，可知，SBS 改性的劈裂强度比与湿法工艺制备的裂解-聚合法橡胶颗粒改性相差不大，对于裂解-聚合法橡胶颗粒改性，干法的不同混合料，其 TSR 较湿法工艺均有所下降，且相比常规改性，裂解-聚合法橡胶颗粒改性得到的混合料，其水稳定性明显得到提高。

(6)通过弯曲疲劳试验可知，橡胶颗粒计入级配曲线有助于提高裂解-聚合法橡胶颗粒改性沥青的抗水损害能力，相比于干法，湿法制备的混合料的疲劳寿命最好，且其对应力水平的敏感度也最大，裂解-聚合法橡胶颗粒改性沥青混合料的抗疲劳性能和 SBS 改性沥青基本相当，且优于常规橡胶改性沥青混合料。

第 6 章　生产设备改造及加工工艺研究

通常橡胶沥青的生产需要专用橡胶沥青加工设备，该设备的特点是需要有瞬间快速加热装置、高速分散配料装置和强力搅拌发育装置。而目前国内大部分改性沥青生产厂商都已经拥有大量的 SBS 改性沥青设备，且购置专用型橡胶沥青设备会增加费用。如何在原有设备的基础上进行改造，使之能够生产橡胶改性沥青，成为国内很多改性沥青厂商关心的问题。国内橡胶沥青加工工艺可分为两种：搅拌型橡胶沥青和过磨研磨型橡胶改性沥青。其中过磨研磨型橡胶改性沥青性能较好。搅拌型橡胶改性沥青在生产过程中，通常在配料和发育时温度在 200℃以上且生产效率低。实际上，将 SBS 改性沥青设备改造成过磨研磨型橡胶改性沥青设备，也能够生产出性能技术指标优异的橡胶改性沥青。

6.1　设备现状构造

6.1.1　裂解-聚合法橡胶颗粒改性沥青设备的构造

1) 主设备

主设备由基质沥青泵、换热器、配料高速分散搅拌、送料器、混料泵、高速分散剪切磨机、电气控制操作室等部件组成，如图 6-1 所示。

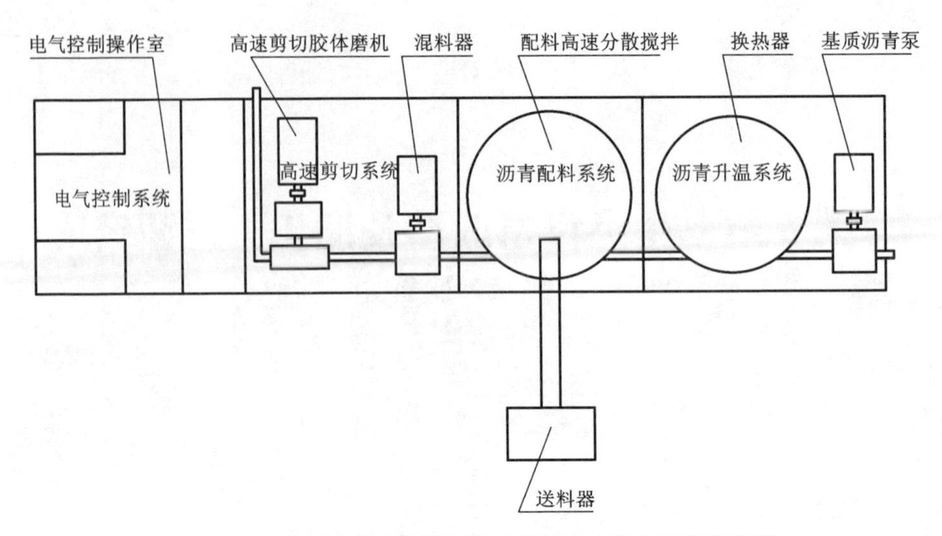

图 6-1　裂解-聚合法橡胶颗粒改性沥青主设备结构示意图

2)强力搅拌发育系统设备

强力搅拌发育系统设备由搅拌系统 A、搅拌系统 B 等组成，如图 6-2 所示。

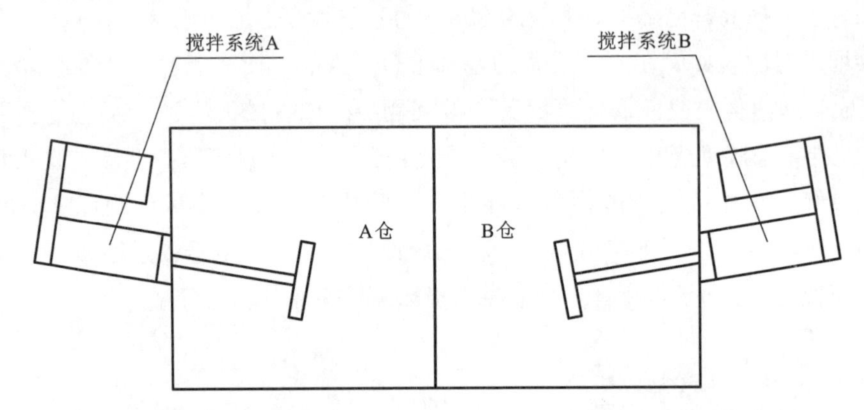

图 6-2　裂解-聚合法橡胶颗粒改性沥青强力搅拌发育系统设备结构示意图

6.1.2　SBS 改性沥青设备的构造

1) 主设备

主设备由基质沥青泵、加热搅拌配料罐、送料器、混料泵、高速剪切磨机等组成，如图 6-3 所示。

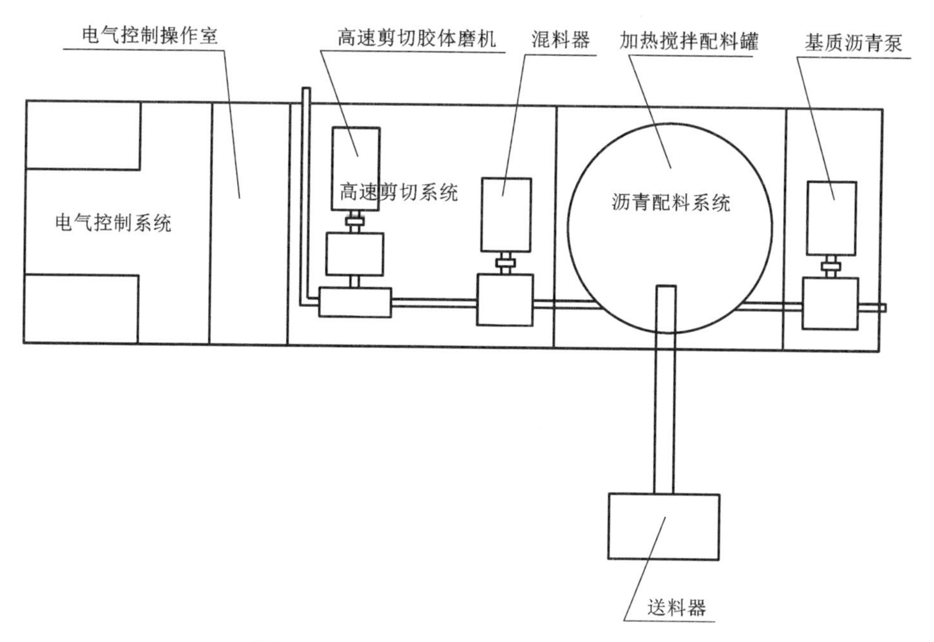

图 6-3　SBS 改性沥青主设备结构示意图

2)搅拌发育系统设备

搅拌发育系统设备由搅拌系统 A、搅拌系统 B 等组成，如图 6-4 所示。

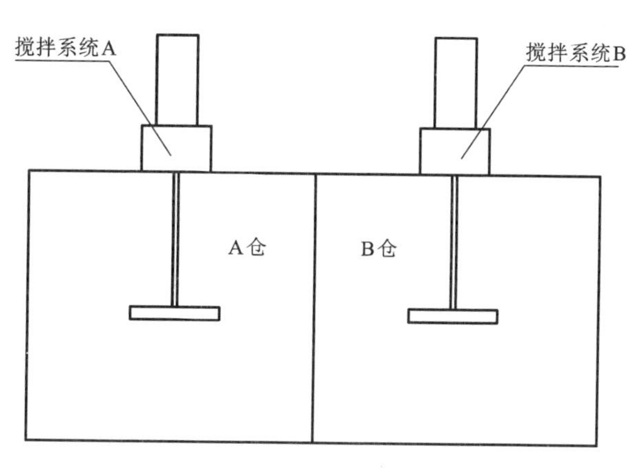

图 6-4　SBS 改性沥青搅拌发育系统设备结构示意图

6.2 生产设备机械构造部分改造方案

常用的SBS改性沥青设备，难以直接用于生产黏度较大的橡胶改性沥青，要解决该问题除了在原材料橡胶粉上做改进，比如降低橡胶粉添加到沥青中的黏度从而降低生产温度，还需要对设备本身进行改造[72]。目前常用的SBS改性沥青设备已具备橡胶改性沥青设备大部分功能。因此设备改造的重点集中在高速分散配料装置搅拌系统、高速分散配料装置加热系统、加装快速升温换热系统、胶体磨系统以及强力搅拌发育系统。

6.2.1 高速分散配料装置搅拌系统改造

传统的改性沥青加工搅拌系统是在搅拌轴上固连上、下两层桨叶，上层桨叶与水平面呈锐角组成折叶涡轮，下层桨叶与水平面呈直角组成直叶涡轮。原有电机为转速1450 r/min、功率7.5 kW、力矩6.9 kg的普通电机，转速低，不能根据产品变化而变化，无法实现高速及变速可调，达不到很好的搅拌工艺效果。

改造后的搅拌桨桨叶为弧状柱面，弧状柱面一端弧长等于或大于另一端弧长。弧状柱面与搅拌柱连接处的弧线切角应大于0°，随缘端应小于90°。弧状柱面母线应垂直于搅拌柱轴线，经过弧线上任意一点的弧状柱面母线与经过该点的切平面夹角应为90°。因此，搅拌桨在转动的过程中首先接触橡胶沥青混合物的是搅拌桨上的若干个点，并随着旋转的推进，与搅拌桨接触的点变成线，搅拌桨剪切橡胶沥青混合物的过程是一个渐进的过程。搅拌桨的一条边在转动的过程中首先接触橡胶沥青混合物，并对橡胶沥青混合物进行剪切。从而保证了裂解橡胶颗粒和沥青在罐体内得到充分的融合。根据裂解-聚合法橡胶颗粒改性沥青设备设计要求计算出提供动力的电机的相关数据，把原有普通电机更换为符合规范的高速变频电机。更换后的电机参数为转速2950 r/min、功率15 kW、力矩9.6 kg。

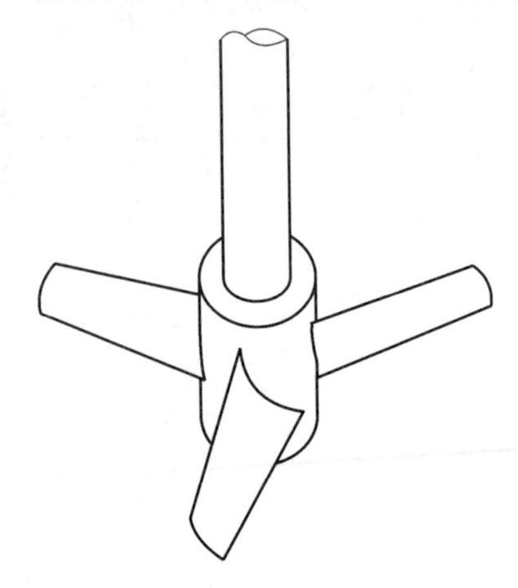

图6-5　搅拌桨及桨叶示意图

改造后的搅拌桨及桨叶如图6-5所示。

6.2.2　高速分散配料装置加热系统改造

常用的改性沥青加热搅拌配料罐一般在罐体内部设置加热盘管，同时设置桨叶搅拌器[73]。如果将加热盘管设置在罐体内部，其一，不能均匀分散，且一小部分混合物会留在死角，不能有效混合搅拌；其二，内置式的加热盘管很容易造成热量不均，外部升温快，内部升温慢，很难快速整体升温。

改造后的加热装置为在罐体外部设置导热装置，导热通道由截面为 U 形的通道外壳部分与罐体外壁形成导热槽，导热槽与通道外壳部分相配合即为导热通道，导热介质通过导热通道时直接接触罐体外壁，这样直接对罐体外壁进行加热，更有利于橡胶粉和沥青混合物均匀受热。

配料罐加热系统的基本构造如图 6-6 所示。

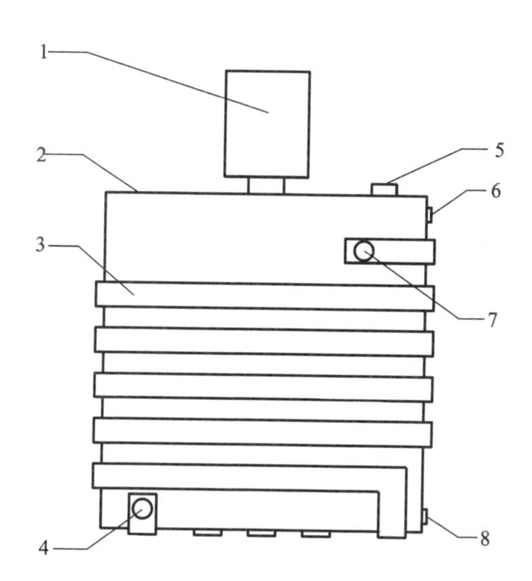

1—搅拌电机；2—配料罐；3—导热通道；4—导热油入口；
5—橡胶粉进料口；6—沥青进料口；7—导热油出口；
8—橡胶改性沥青出口。

图 6-6　配料罐加热系统示意图

6.2.3 加装快速升温换热系统改造

裂解-聚合法橡胶颗粒改性沥青的生产工艺要求：①要在高温下配料及快速分散。②配完料快速分散后要立即研磨剪切，以防在配料罐初步发育后黏度增加。③由于橡胶改性沥青生产工艺特性，要求配料时基质沥青温度达到185℃左右。④基质沥青不能在160℃以上停留时间过长以防止老化。⑤如果配完料再由配料罐加热，则时间会更长且严重影响生产效率。要实现及满足以上要求，则要在沥青进配料罐支路中加装快速升温换热系统。

改造后换热器具体结构如图6-7所示。

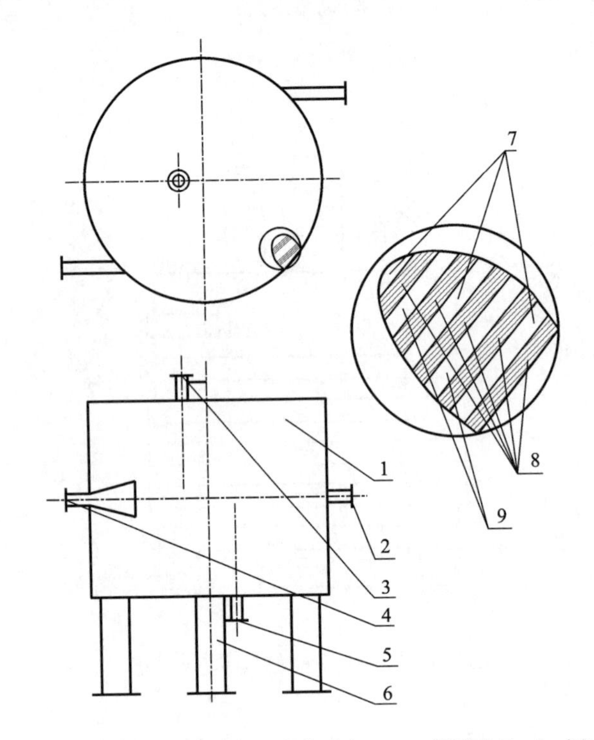

1—壳体；2—导热油进口；3—导热油出口；4—沥青出口；5—沥青进口；6—支架；7—导热油工作腔体；8—沥青及导热油隔离层；9—沥青工作腔体。各部件之间焊接，各层之间距离均为5 mm且相互独立密闭。

图6-7 换热器构造示意图

6.2.4 胶体磨系统改造

常用高速剪切胶体磨一般在磨机内设置进料口和出料口，并设有对应的静磨盘和动磨盘，静磨盘与前盖连接，动磨盘固定在主轴上，静磨盘与动磨盘的对应齿面分为初级磨齿面、中级磨齿面和高级磨齿面[74]。通过多级磨齿面进行剪切研磨，达到一次过磨多次剪切，该种方法能达到相应的生产要求。但是，这种胶体磨的三级磨齿及水平面有不同角度的夹角设置，这样就造成剪切路径和水平面无法达到垂直，因此产生了不小的阻力，降低了沥青通过速率。在此过程中，混合物还保持同样的速率进入胶体磨，很容易造成多数物质停留在动、静磨盘中，不仅使磨盘无法正常工作，而且造成大量沥青与橡胶粉滞留在磨盘的时间过长，研磨过度，降低了裂解-聚合法橡胶颗粒改性沥青的使用效率。

上述胶体磨是专为SBS改性沥青设计的，主要因为SBS改性沥青黏度较小，可以充分研磨，但是橡胶改性沥青黏度相对较大，这种磨机不适于应用，因此需要对胶体磨进行改造。

改造之前改性沥青的剪切磨机由电动机、联轴器、支架体、磨机工作腔体、导热油进出口、磨机间隙调节装置、轴承座、磨机动磨片、磨机定磨片、磨机导热油保温工作腔、沥青加工进出口等组成。具体构造如图6-8所示。

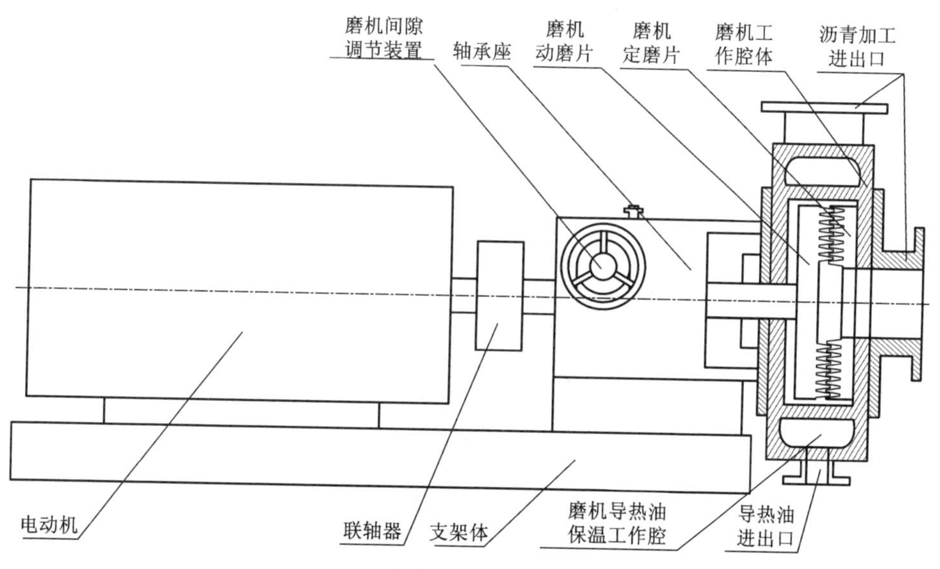

图6-8 改造前的剪切磨机示意图

改造后的橡胶改性沥青高速分散磨机由电动机、联轴器、支架体、磨机工作腔体、加热载体进出口、沥青叶轮、磨机间隙调节装置、轴承座、磨机动磨片、磨机定磨片、磨机壳体、沥青加工进出口等组成。具体构造如图 6-9 所示，实物图见图 6-10。

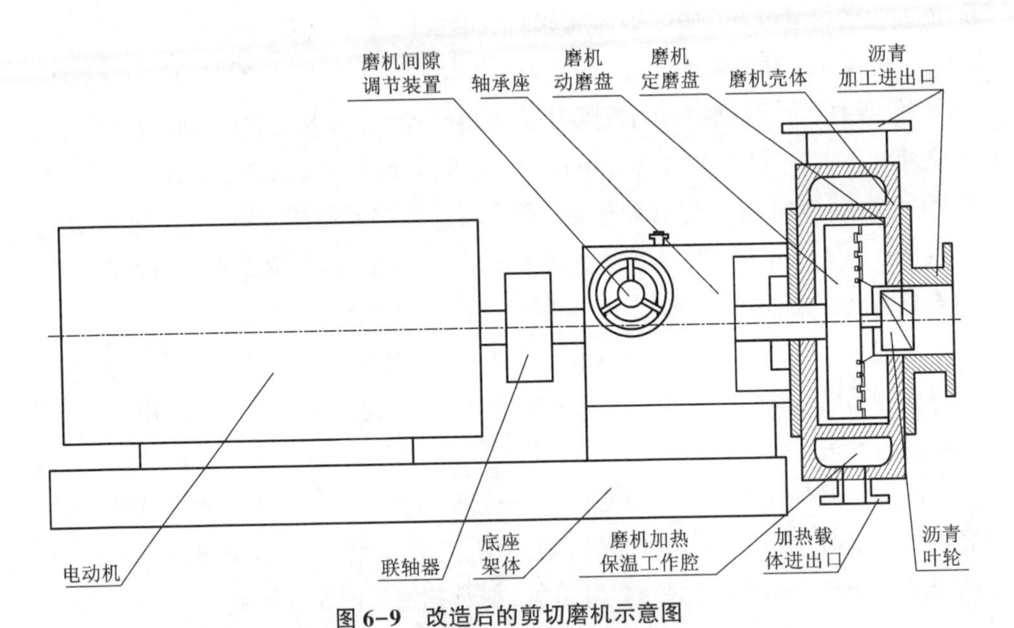

图 6-9　改造后的剪切磨机示意图

图 6-10　改造后的剪切磨机实物图

改造后技术参数如下：

（1）磨机动磨片、定磨片均为梯形齿，且分为初级磨齿、中级磨齿和高级磨齿三组。齿面与磨片端面夹角为88°且齿高为10 mm。

（2）在动磨片轴端加装有沥青叶轮。

（3）该高速剪切磨机所采用的轴承座润滑部位均为机油润滑。

（4）该高速剪切磨机所采用的磨机间隙调节装置为涡轮涡杆装置，误差不大于0.1 mm。

（5）该高速剪切磨机所采用的电动机为两极异步三相电动机，转速为2950 r/min，功率为75 kW。

（6）该磨机动磨片及定磨片材料均为3Cr13。

改造后的胶体磨特点如下：

（1）改造后的胶体磨包括轴向90°的静磨盘、动磨盘，保证沥青混合物在动、静磨盘间隙方向与其力一致，因此沥青混合物会以较快的速率通过静、动磨盘，不会滞留在其中。

（2）改造后，磨盘间隙依次递减，并且可以随时调节，这样裂解-聚合法橡胶颗粒改性沥青在通过剪切研磨时，顺序通过磨盘，颗粒逐渐变小直至达到要求，充分保证裂解颗粒均匀分布。

（3）在进料口设置叶轮，当沥青通过叶轮时，叶轮产生一个助力，动、静磨盘中间会产生剪切力，这样就很容易让裂解颗粒分散在沥青中，保证了研磨质量，大大提高生产效率。

6.2.5　强力搅拌发育系统改造

改造之前的改性沥青发育系统设备由罐体内置加热体、搅拌罐体A、B、搅拌螺旋桨叶片、搅拌轴、减速机、电动机等部件组成。搅拌系统与罐体顶部成90°安装。罐体均为卧式罐体且加热装置在罐体内部。

该设备的工作过程：先由电动机提供力矩给减速机，再由减速机将力矩传给搅拌装置，最后由搅拌装置中的两组叶片，把旋转力矩传送给罐中的沥青。由于叶片工作时，给沥青提供动力使沥青混合物搅动起来，因此这样反复工作使沥青的运动幅度大大加强。

改造前的设备结构如图6-11所示。

改造之后的橡胶改性沥青发育系统设备由罐体外置加热体、搅拌罐体A、B、

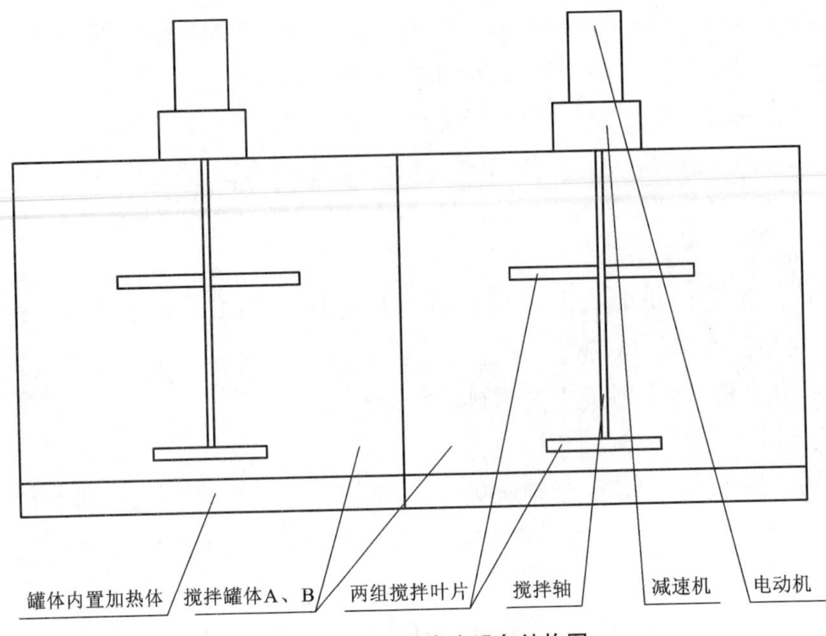

图 6-11　改造前发育设备结构图

搅拌螺旋桨叶片、搅拌轴、减速机、电动机等部件组成。搅拌系统与罐体侧壁在安装时与水平方向成 15°角时，使用效果最佳。罐体均为卧式罐体且加热装置在罐体外部安装。

改造后的设备结构如图 6-12 所示。

由于常规 SBS 改性沥青设备搅拌发育系统不能达到橡胶改性沥青发育工艺要求，因此对常规 SBS 改性沥青设备进行结构改造以满足生产工艺要求。改造原则如下：

(1) 按照橡胶改性沥青发育工艺特性要求，把原有搅拌器直叶桨叶更改为符合规范的弧形桨叶。且根据现有搅拌发育系统具体搅拌强度，在原有搅拌叶片基础上增加两到三组桨叶。

(2) 根据橡胶改性沥青生产发育设计要求，把原有罐体内部加热装置改为外部加热装置，以便橡胶改性沥青在发育时加热均匀无死角。

(3) 根据设计要求计算出提供动力的电动机相关数据，把原有普通电动机更换为符合规范的大力矩高速变频电动机。

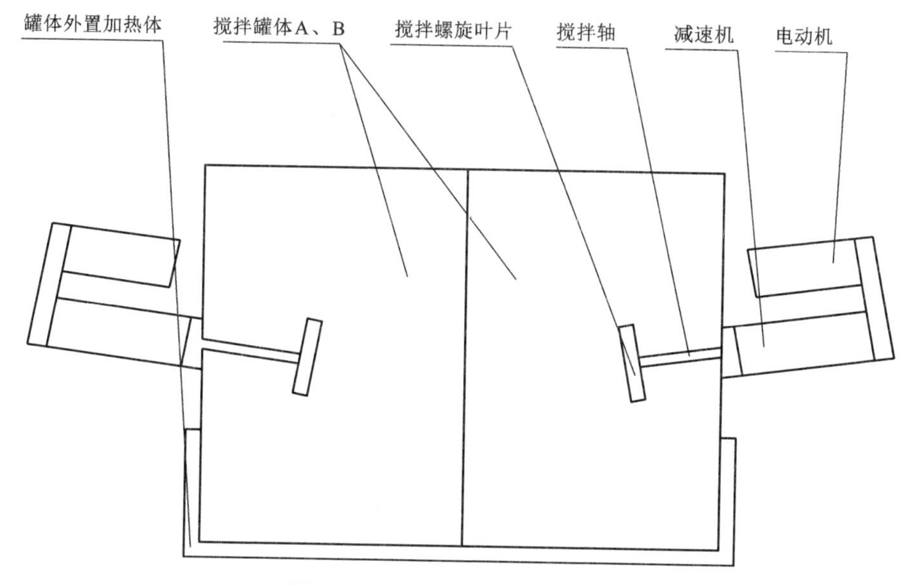

图 6-12　改造后发育设备结构图

6.3　生产设备电气改造

改造前改性沥青设备电气控制系统由人工手动按钮控制，控制操作面板如图6-13 所示，改造前的电气控制工艺流程如图 6-14 所示。

改造前改性沥青主设备电气控制图如图 6-15~图 6-23 所示，改造前改性沥青发育系统设备电气控制图如图 6-24~图 6-30 所示。

图 6-15 所示电气控制图为整套设备总电源的通断保护和用电量记录，以及主设备中的基质沥青泵和混料泵主电路。

图 6-16 所示电气控制图为主设备磨机、配料搅拌、上料机、空压机、液位、温度控制主电路及直流稳压电路。

图 6-17 所示电气控制图为主设备基质沥青泵、混料泵、配料搅拌控制电路。

图 6-18 和图 6-19 所示的电气图为各个气动阀控制电路。

图 6-20~图 6-21 所示电气控制图为各个控制电气设备接线端子分布及编号。

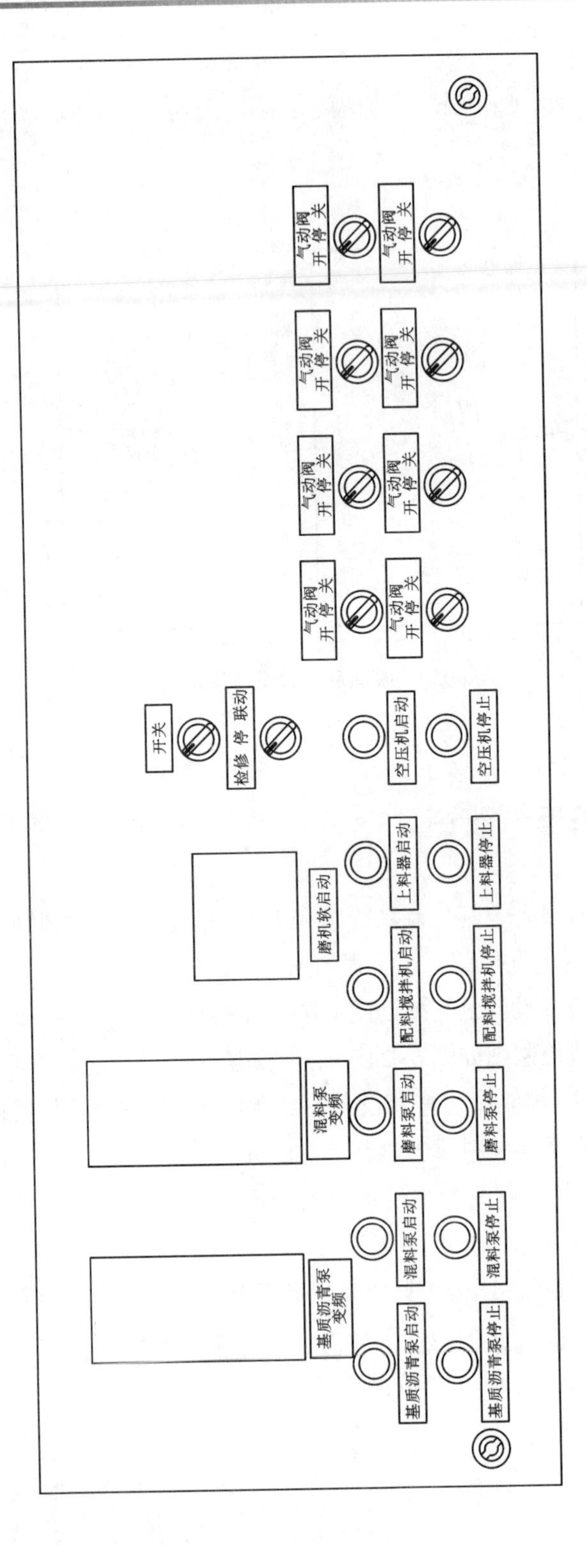

图6-13 改造前改性沥青电气控制操作面板示意图

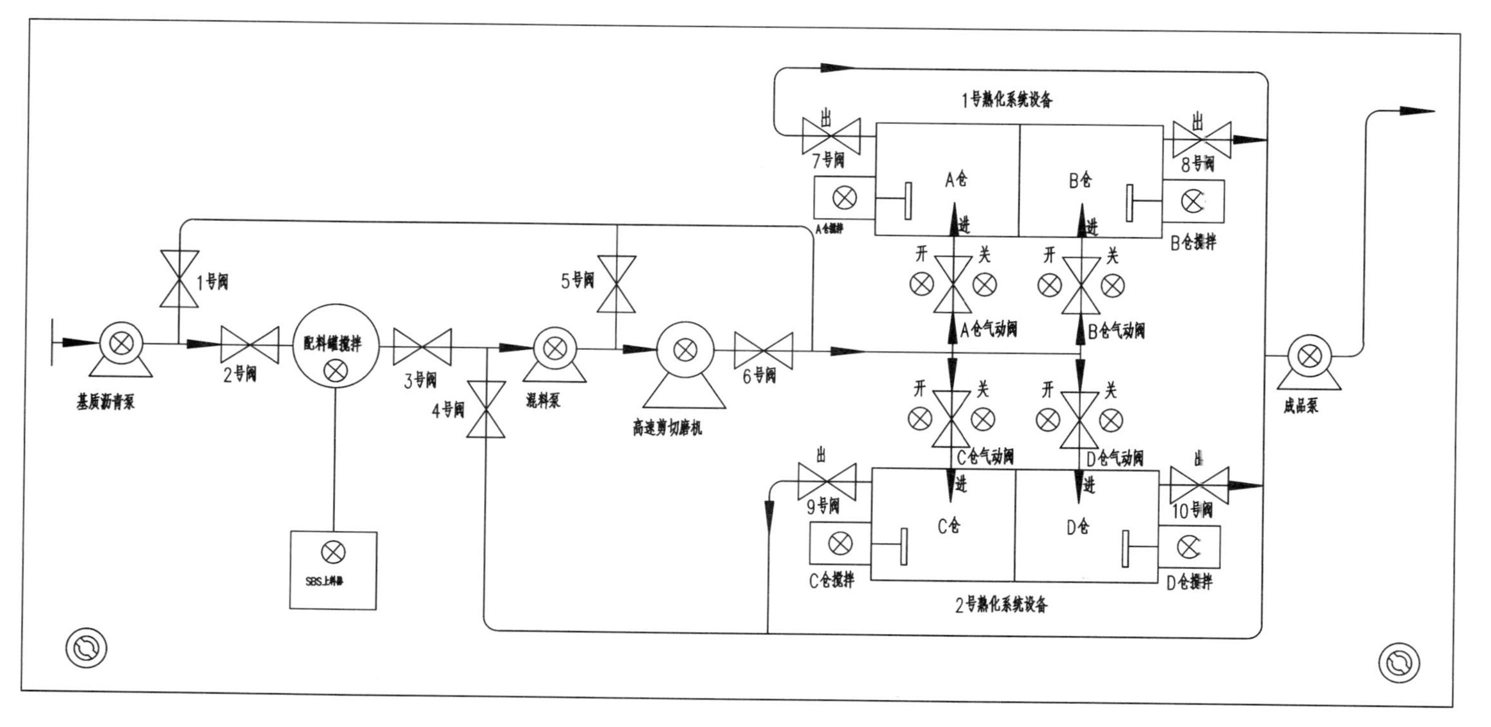

图6-14 改造前改性沥青电气控制工艺流程示意图

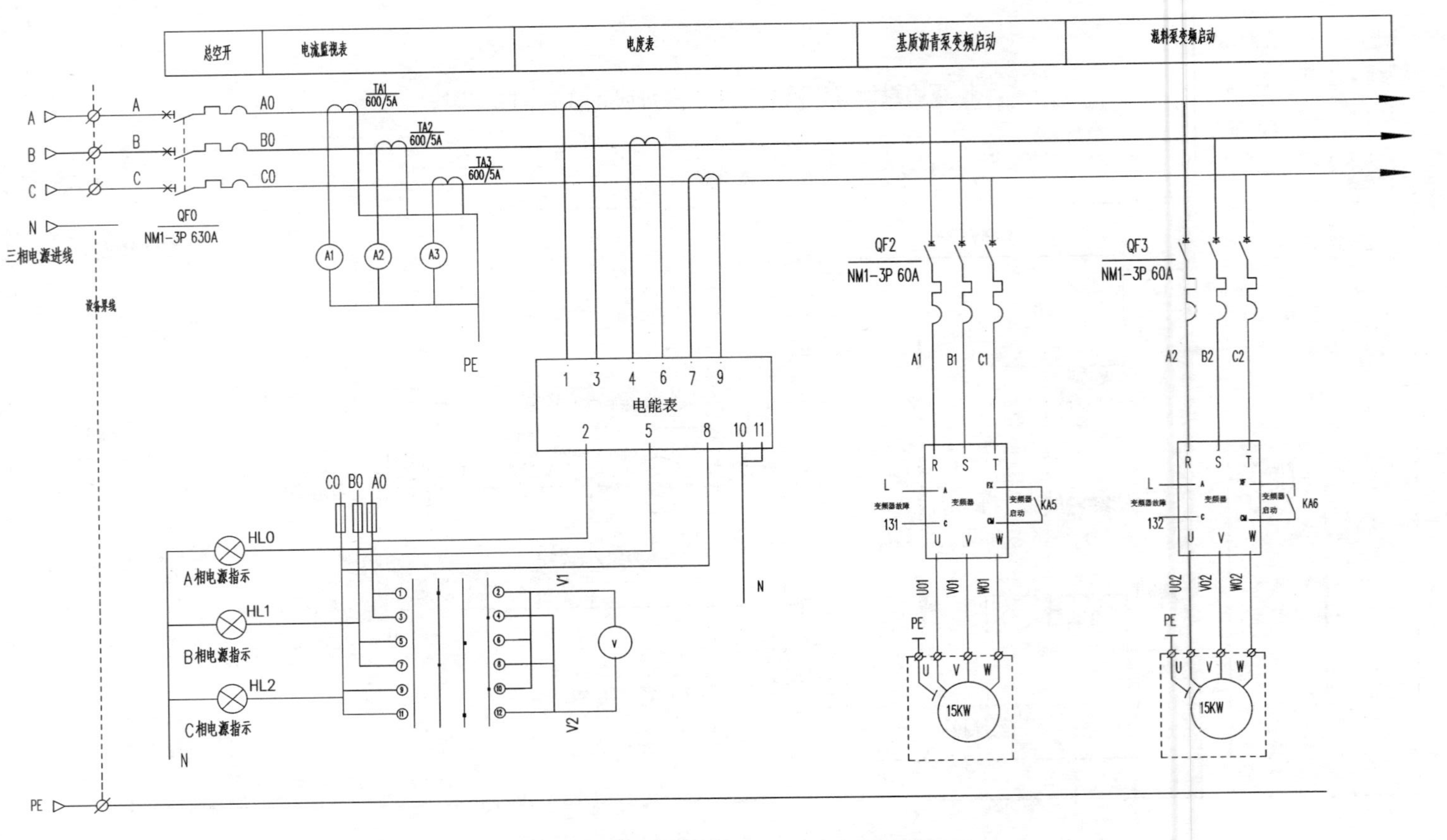

图6-15 改造前改性沥青主设备电气控制图(1)

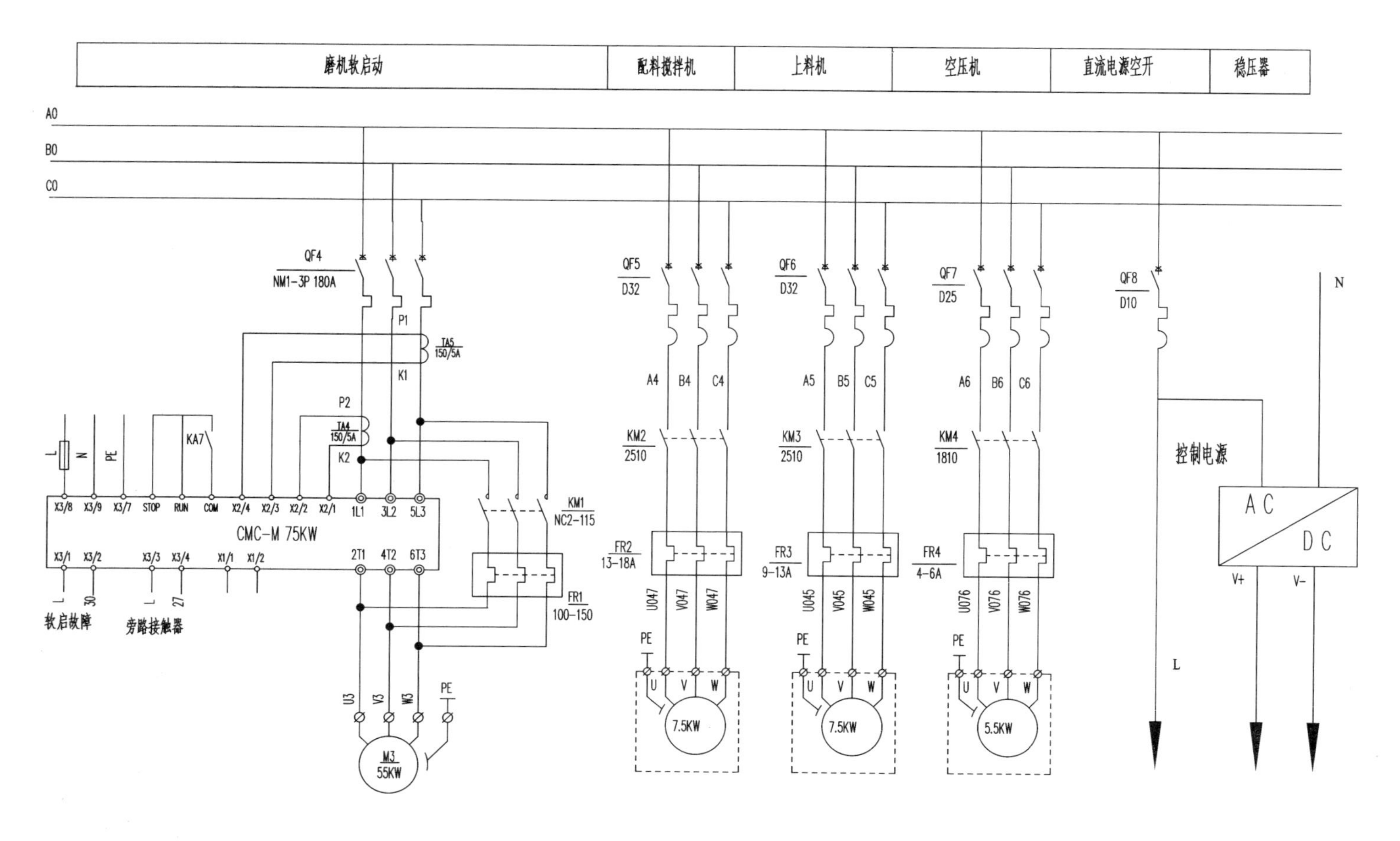

图6-16 改造前改性沥青主设备电气控制图(2)

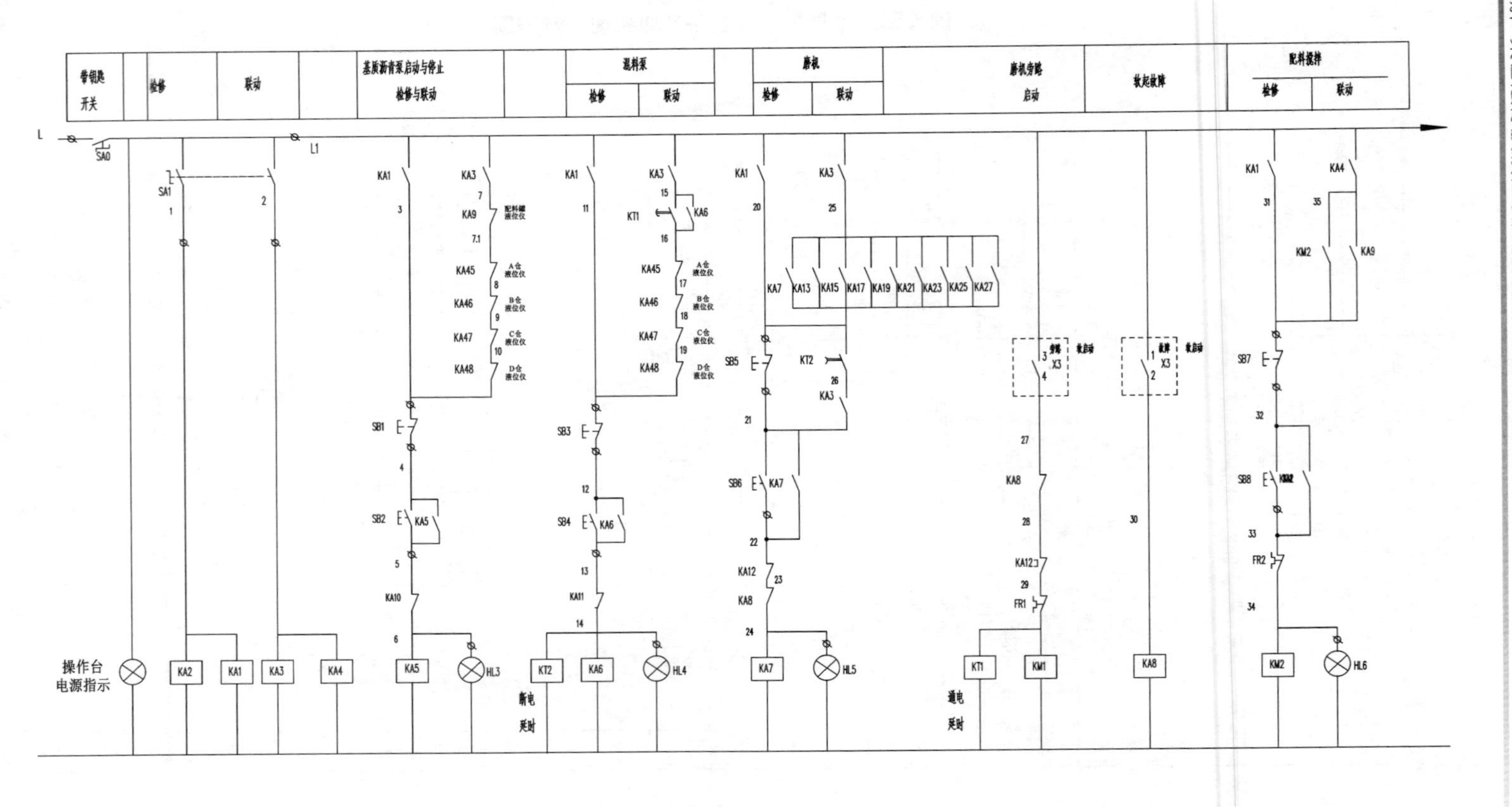

图6-17　改造前改性沥青主设备电气控制图(3)

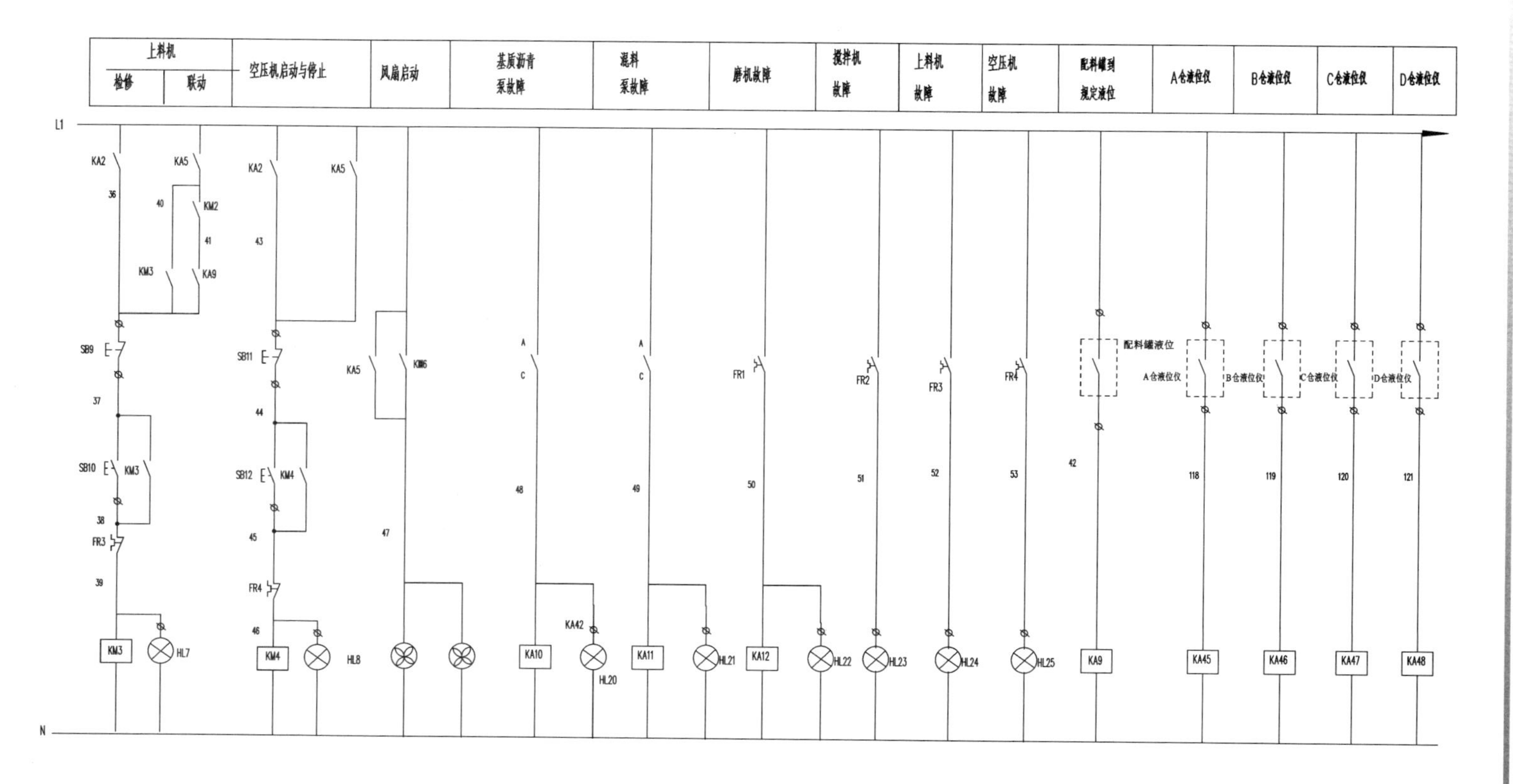

图6-18　改造前改性沥青主设备电气控制图（4）

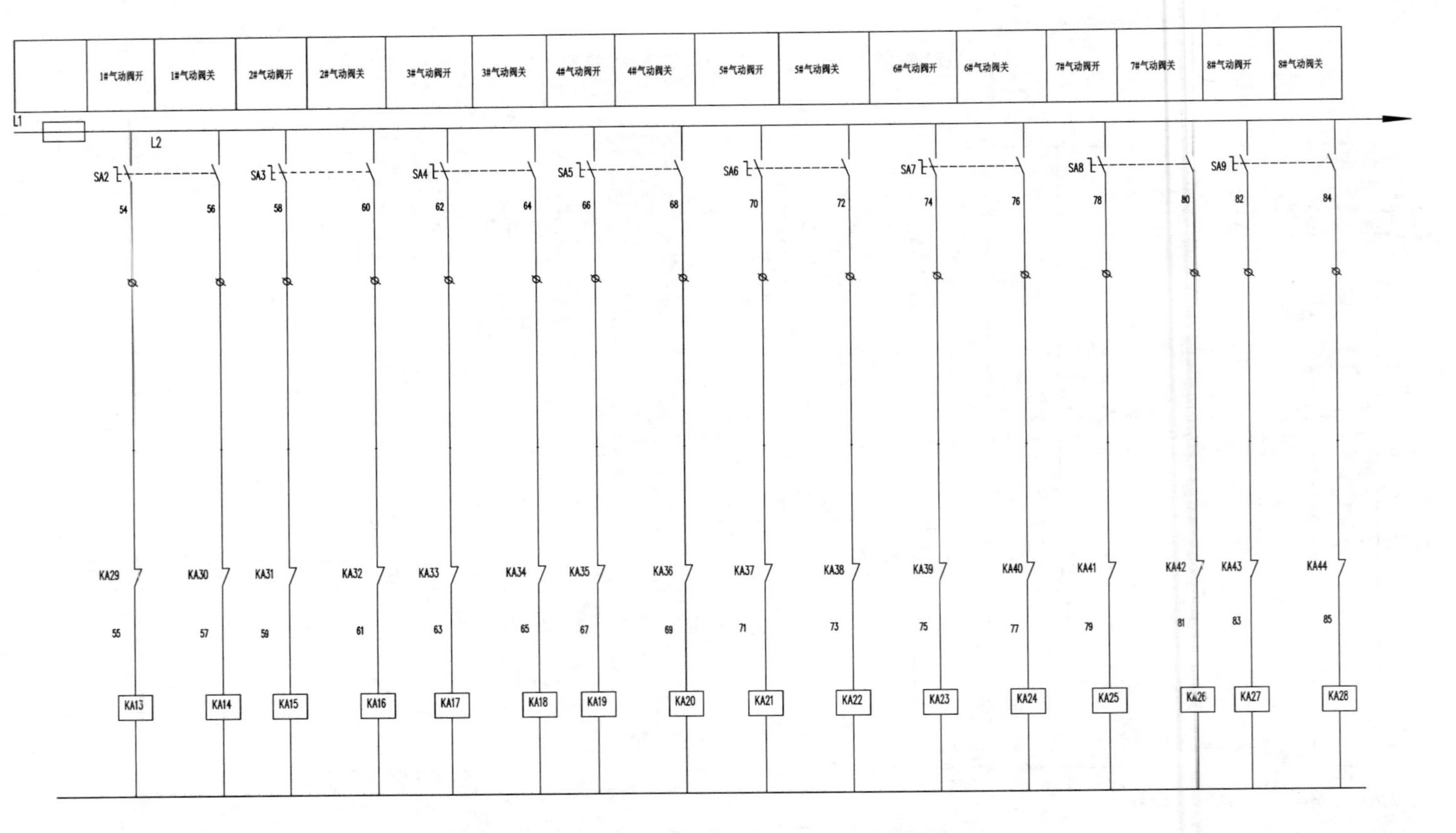

图6-19 改造前改性沥青主设备电气控制图(5)

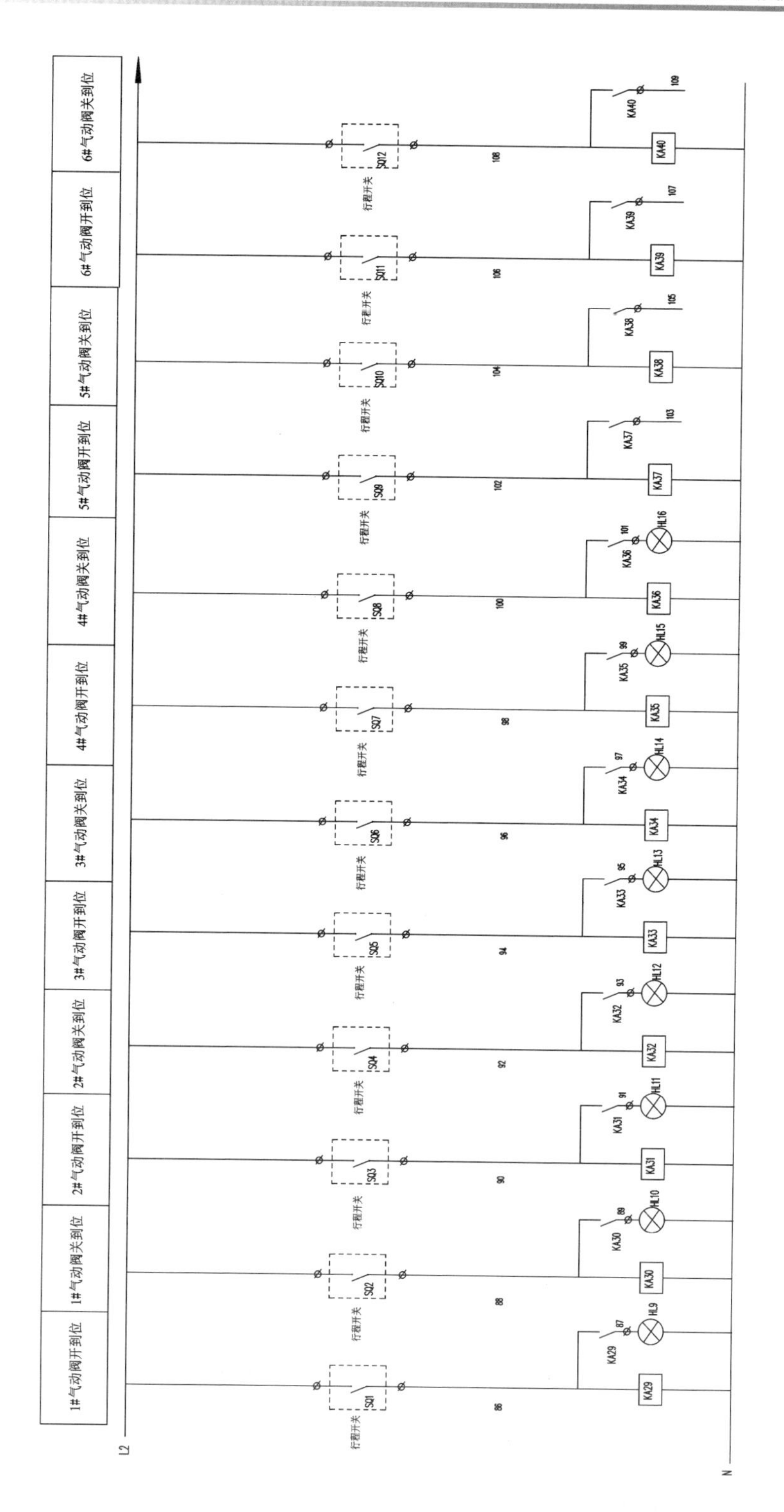

图 6-20　改造前改性沥青主设备电气控制图（6）

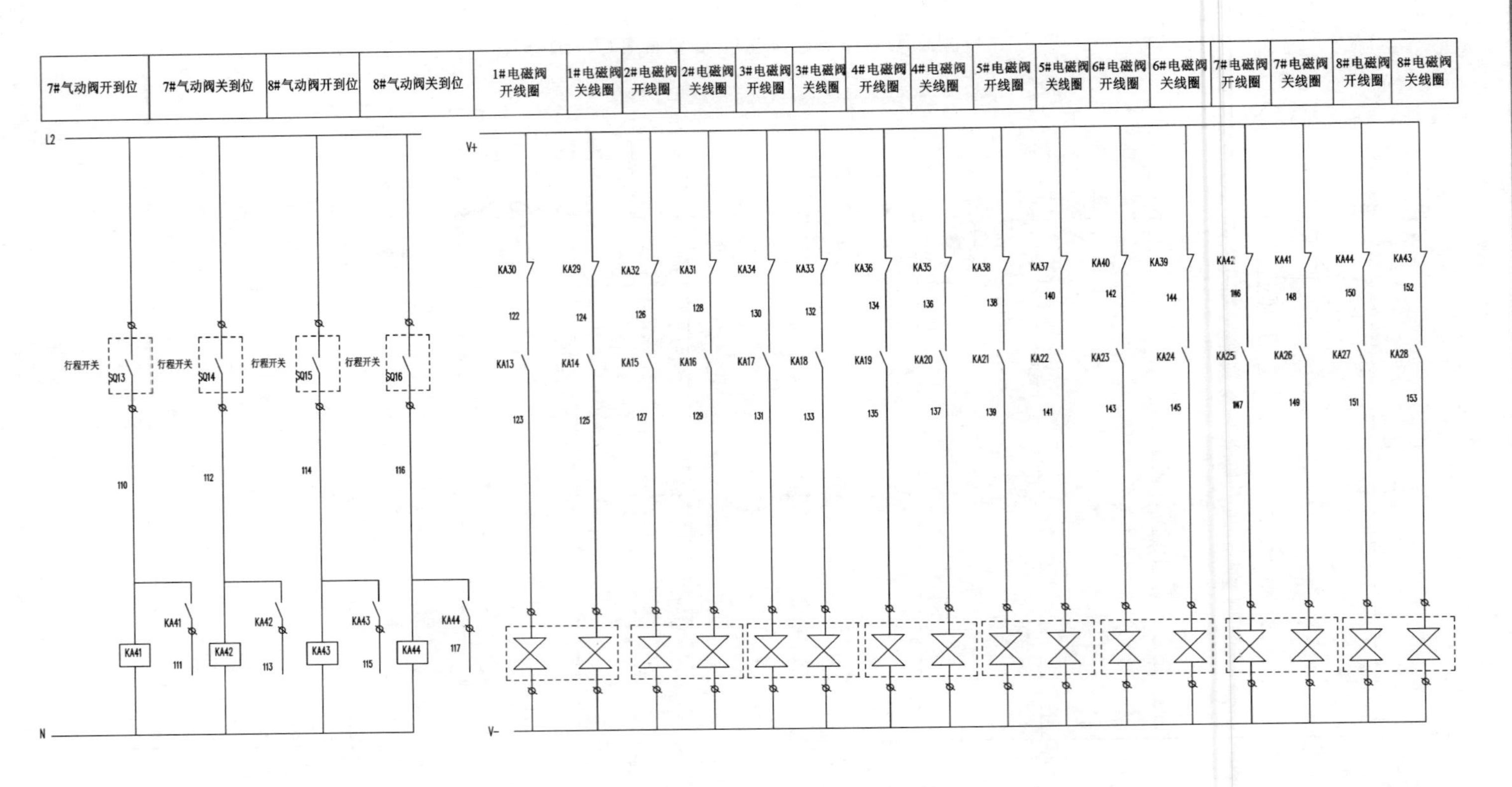

图6-21 改造前改性沥青主设备电气控制图(7)

图6-22所示电气控制图为发育系统设备A、B、C、D四个搅拌主电路及电源检测电路。

图6-23所示电气控制图主要控制发育系统设备成品泵及备用主电路及照明电路。

图6-24所示电气控制图为发育系统设备A、B、C、D四个搅拌成品泵及备用电路控制电路。

图6-25所示电气控制图为发育系统设备A、B、C、D四个搅拌成品泵保护电路。

图6-26所示电气控制图为发育系统设备A、B、C、D四个储料仓温度及液位电路。

图6-27所示电气控制图为发育系统设备各个控制电气设备接线端子分布及编号。

图6-28所示电气控制图为发育系统设备与主设备接线端子分布及编号。

改造后的裂解-聚合法橡胶颗粒改性沥青设备电气控制系统由计算机自动控制。

改造后的计算机控制方案如图6-29所示。可编程控制器PLC设备与原有电路连接图如图6-30所示，具体程序代码详见附录。

由于常规SBS改性沥青设备电气控制系统难以满足橡胶改性沥青生产工艺要求，因此优化了整个电气系统工作流程。

先由电气系统发出指令给基质沥青泵，使基质沥青经过过滤器、沥青快速换热器、计量装置进入高速分散配料罐中。而具体沥青流量的大小，由该批次橡胶改性沥青生产工艺具体特性和设计加工配料温度反馈信号控制，由电气系统自动运算执行而无需人工调整。同时橡胶粉由自动投料系统根据基质沥青计量装置提供的信号数据，保持预先设定好的比例，进行自动跟踪供料，使其进入高速分散配料罐中。再由高速分散搅拌机对高速分散配料罐中的沥青、橡胶粉混合物进行物理处理。最后由磨前泵将橡胶、沥青混合物泵入橡胶、沥青胶体磨机，再次将沥青、橡胶混合物研磨、剪切、分散，使之形成微颗粒，进入熟化系统进行物理及化学反应处理。整个过程完全由电气系统自动完成，符合生产工艺特性要求。这样可以防止人为原因失误而导致产品不合格造成不必要的损失。对电气系统的具体改造方案如下：

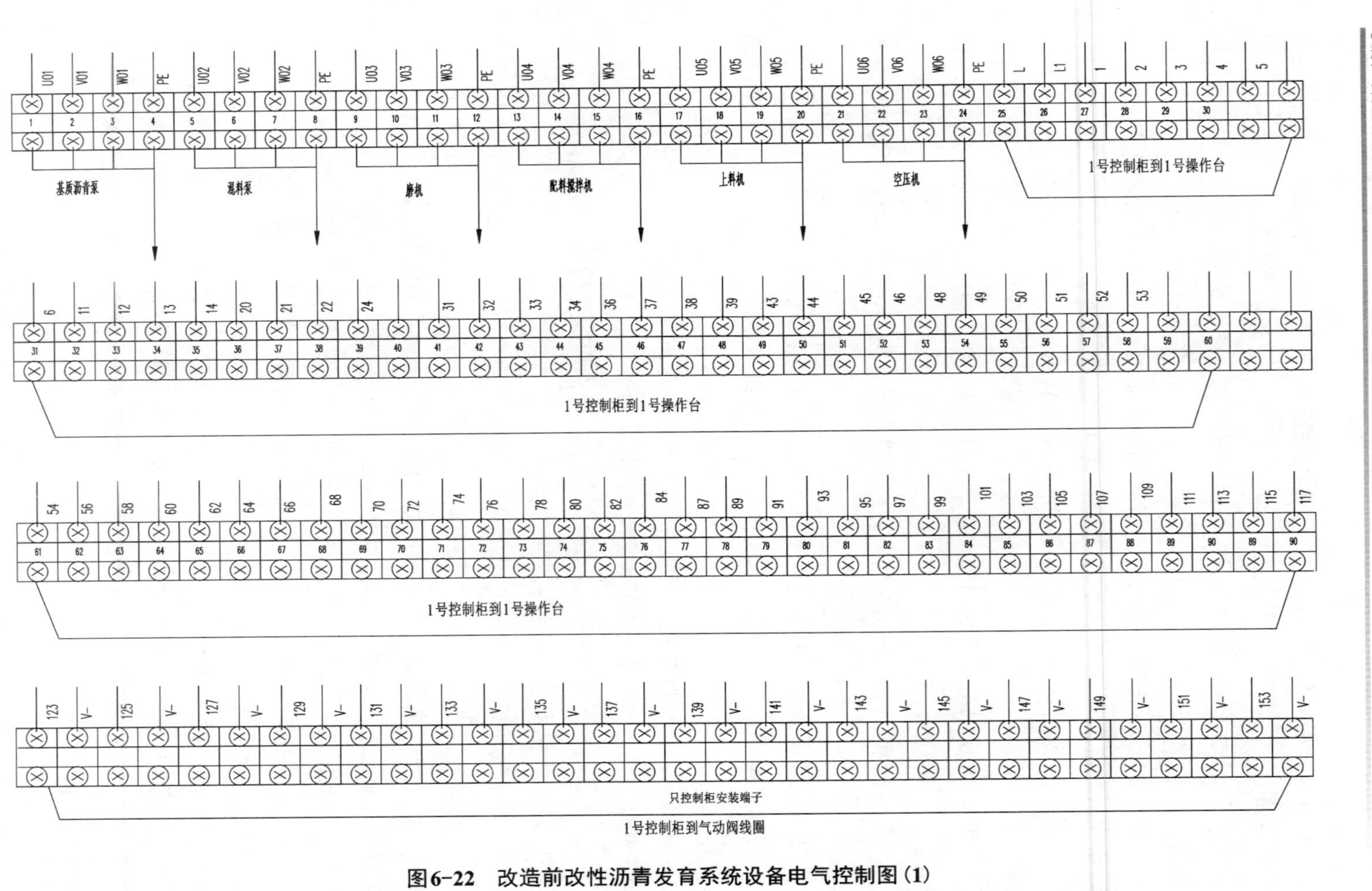

图6-22　改造前改性沥青发育系统设备电气控制图(1)

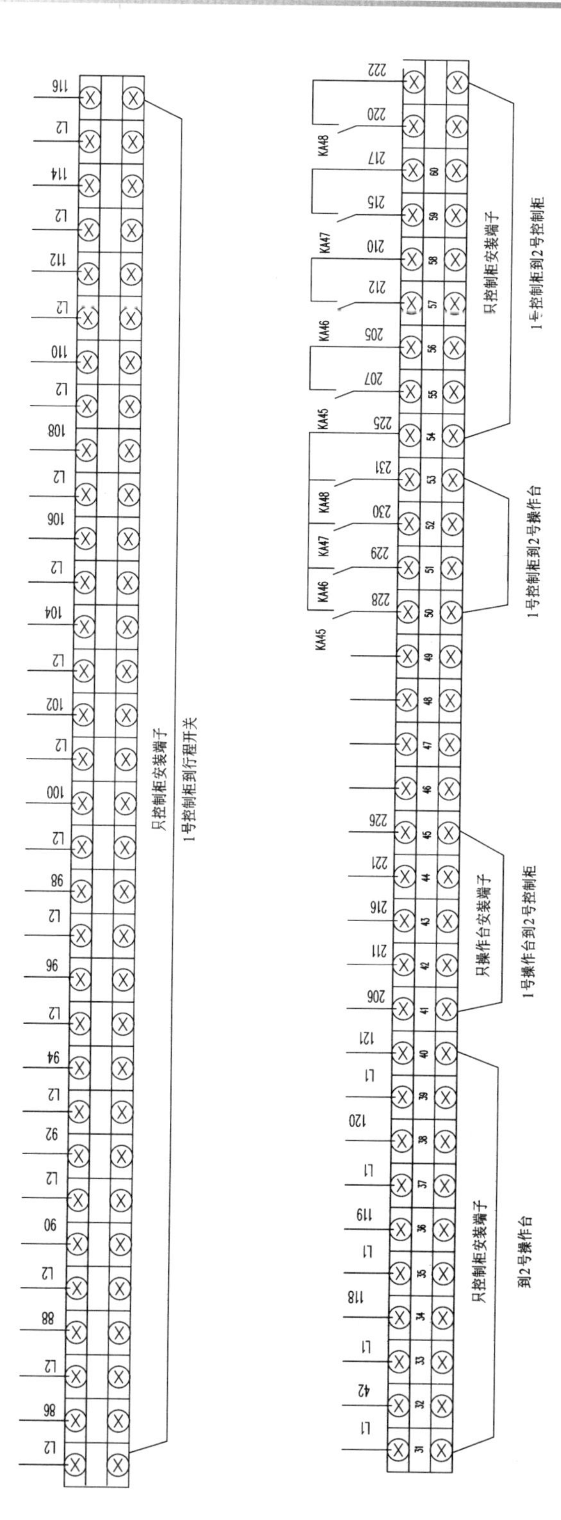

图6-23　改造前改性沥青发育系统设备电气控制图(2)

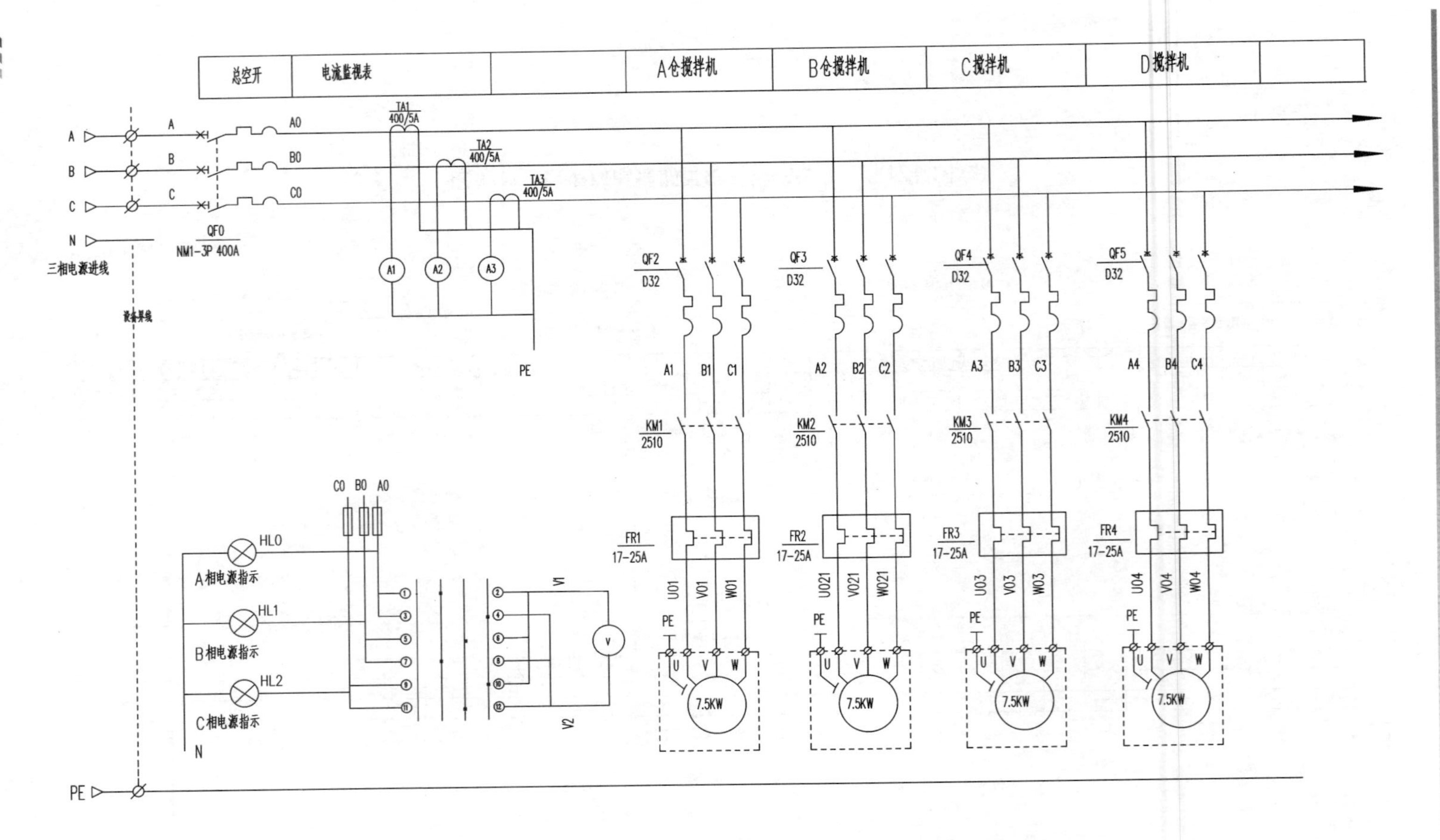

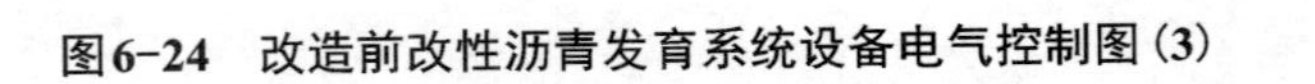
图6-24　改造前改性沥青发育系统设备电气控制图(3)

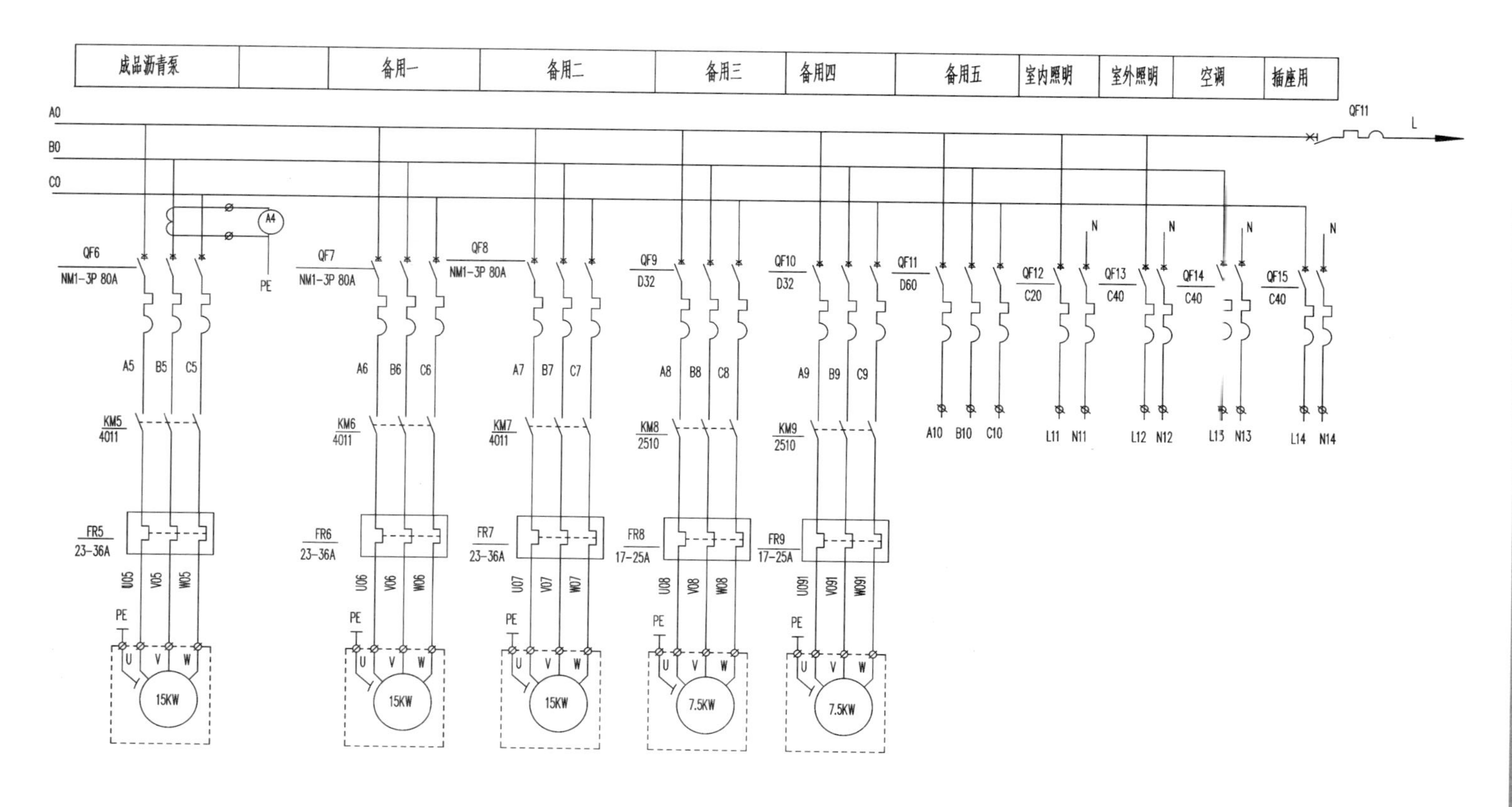

图6-25 改造前改性沥青发育系统设备电气控制图(4)

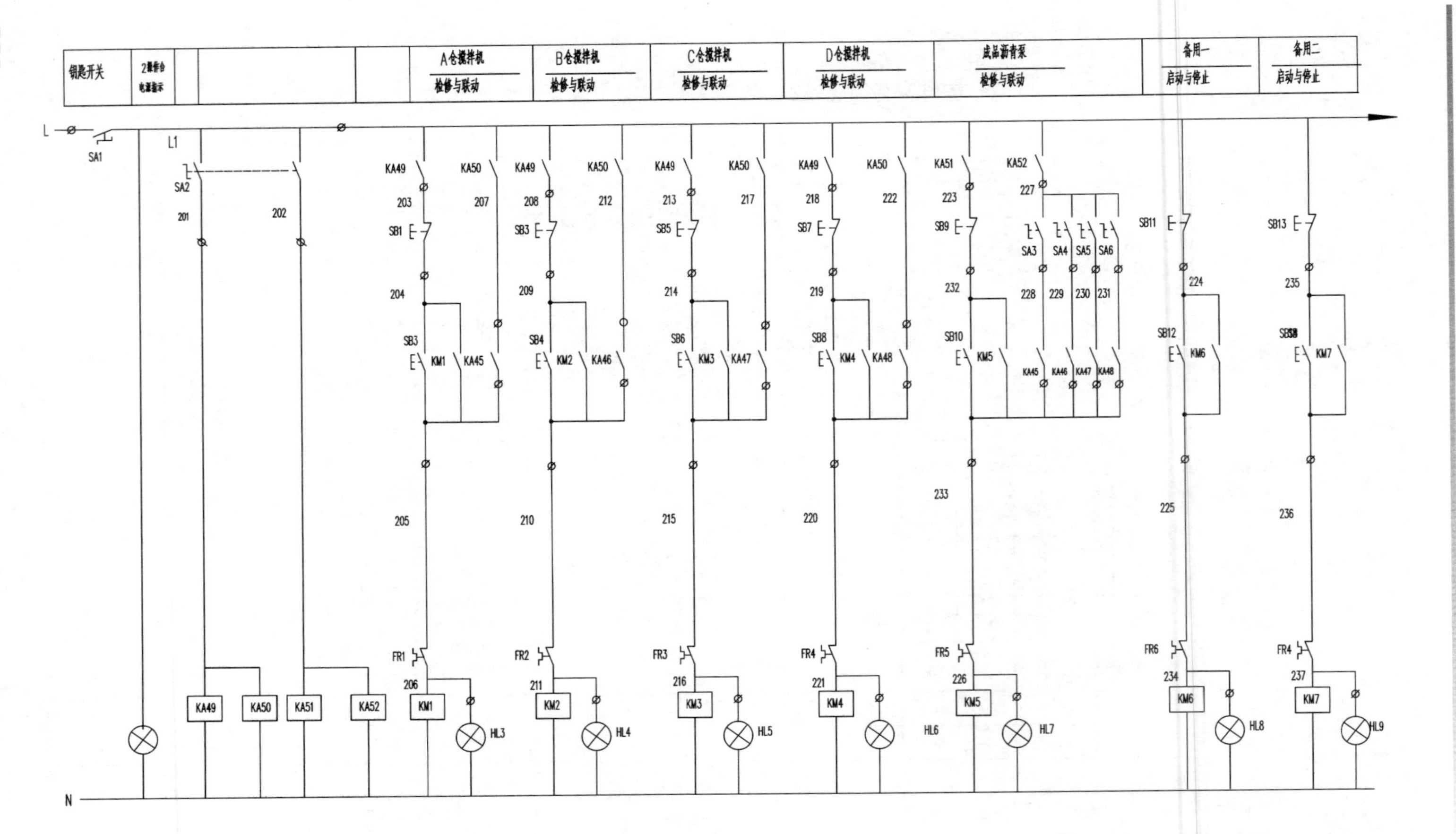

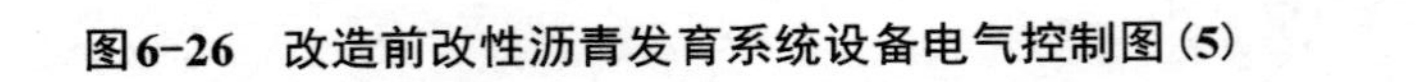

图6-26　改造前改性沥青发育系统设备电气控制图(5)

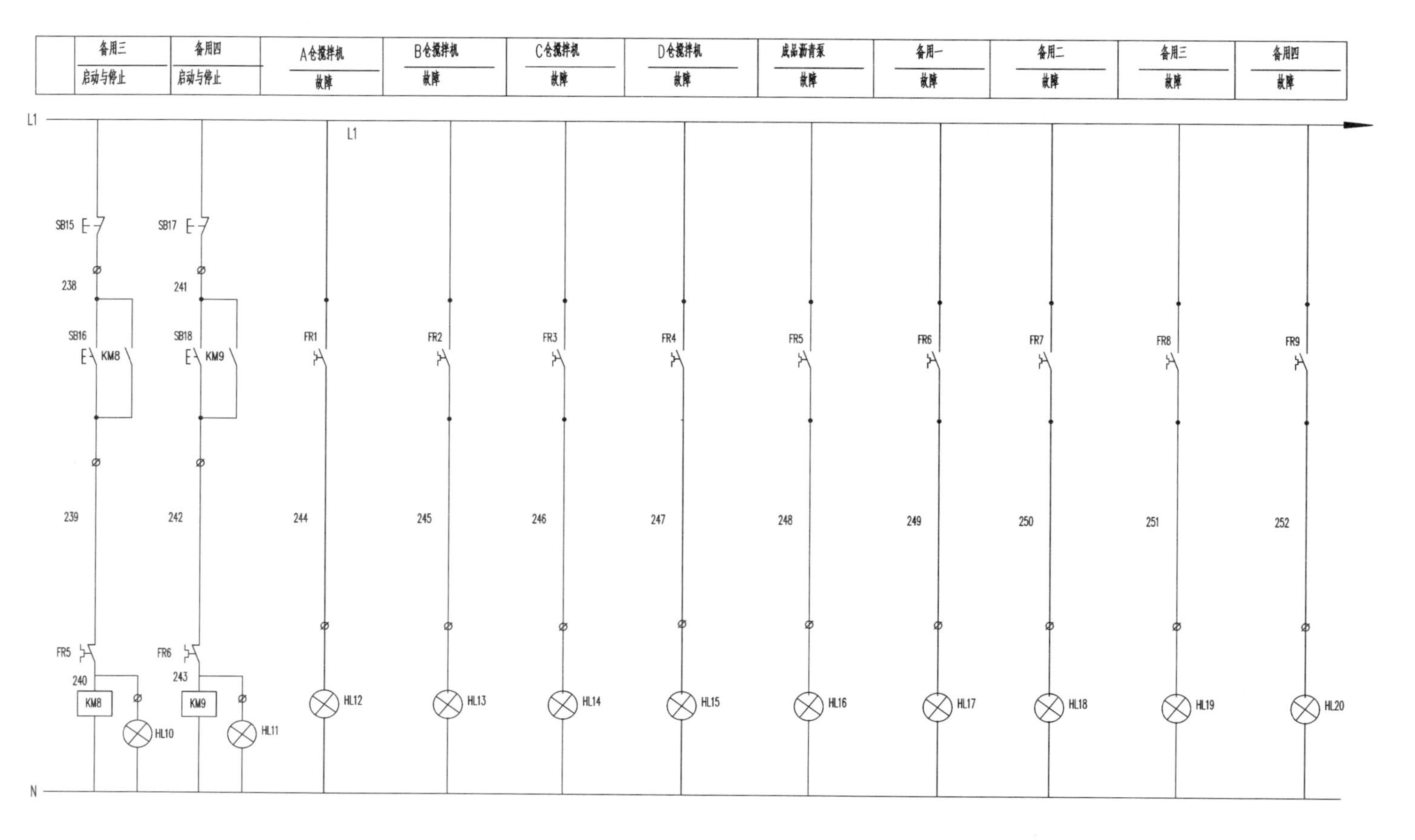

图6-27　改造前改性沥青发育系统设备电气控制图(6)

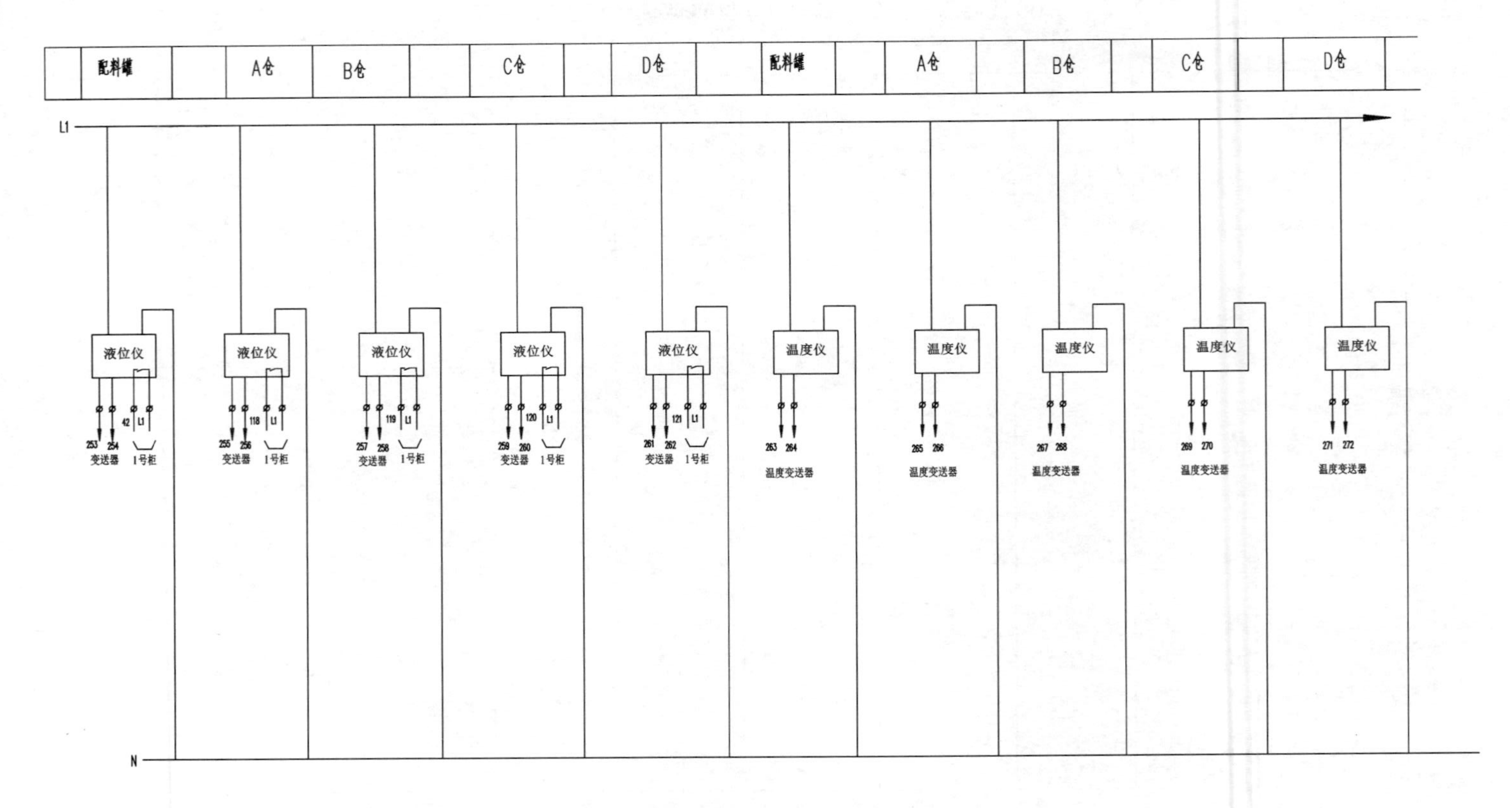

图6-28　改造前改性沥青发育系统设备电气控制图(7)

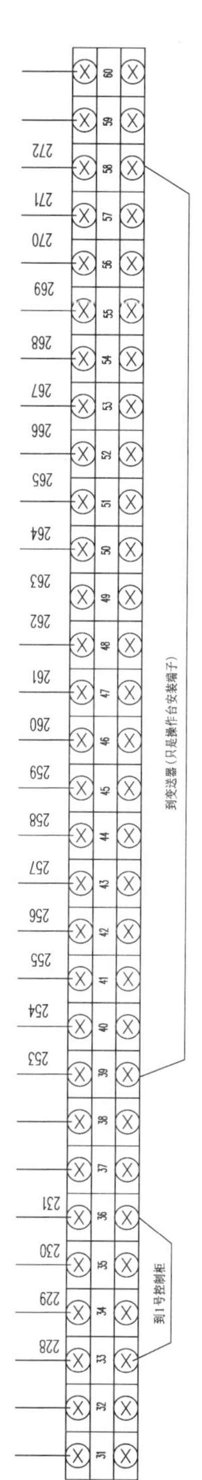

图6-29　改造后计算机软件开发控制画面

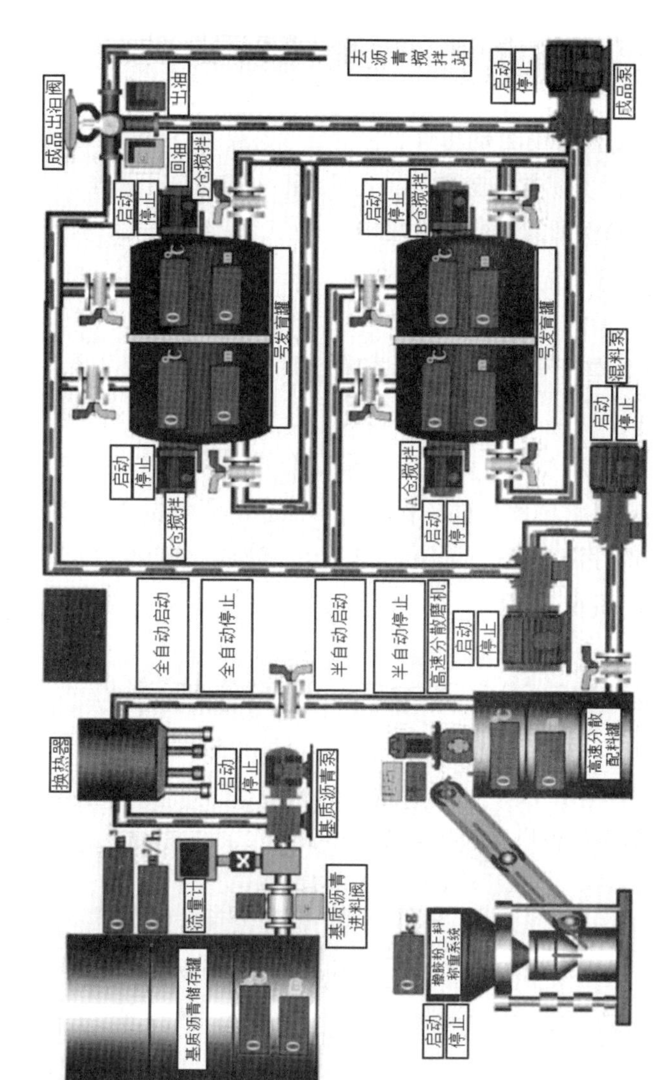

图6-30　可编程控制器PLC设备与原有电路连接图

(1)在原有电气控制系统基础上，增加一套可编程控制器 PLC 设备。根据工艺特性编写好程序，接入所要控制的电气控制器件。

(2)加装高速分散配料装置搅拌电气系统变频器，以及强力搅拌发育系统变频器，根据电气控制要求，接入所要控制的电气系统中。

(3)加装工业电脑一套，根据要求安装专用工控软件，根据工艺特性进行开发设计。

(4)将原有自动化仪表控制信号，按照设计要求全部接入可编程控制器 PLC 设备，并与工业电脑连接，从而真正实现自动化操作。

(5)保留原有的操作按钮及开关，以便实现手动操作和自动操作一体化。将所有报警装置接入控制系统。

6.4 生产工艺及参数确定

由于新型橡胶颗粒能大幅度降低橡胶颗粒加入沥青后整个体系的黏度，所以生产过程中的温度较通常生产橡胶沥青的温度要低。经过多次优化及对成品橡胶改性沥青性能的检测对比，确定新型橡胶改性沥青生产工艺流程及部分参数，如图 6-31 所示。

6.5 生产设备改进前后沥青性能对比

表 6-1 为生产设备改进前后裂解-聚合法橡胶颗粒改性沥青常规性能试验结果，裂解的橡胶颗粒掺量为 20%。

表 6-1　生产设备改进前后裂解-聚合法橡胶颗粒改性沥青性能试验结果

生产设备	针入度(25℃)/0.1 mm	软化点/℃	延度(5℃)/cm	黏度/(Pa·s)
改造前	74	56.2	23.6	2.69
改造后	65	58.2	34.2	2.93

根据表 6-1 所示结果可知，生产设备改造后，沥青的针入度有所减小，软化点和延度以及沥青的黏度均有较大幅度的提高，这表明生产设备改造后，裂解-聚合法橡胶颗粒改性沥青的各项性能均有所改善。

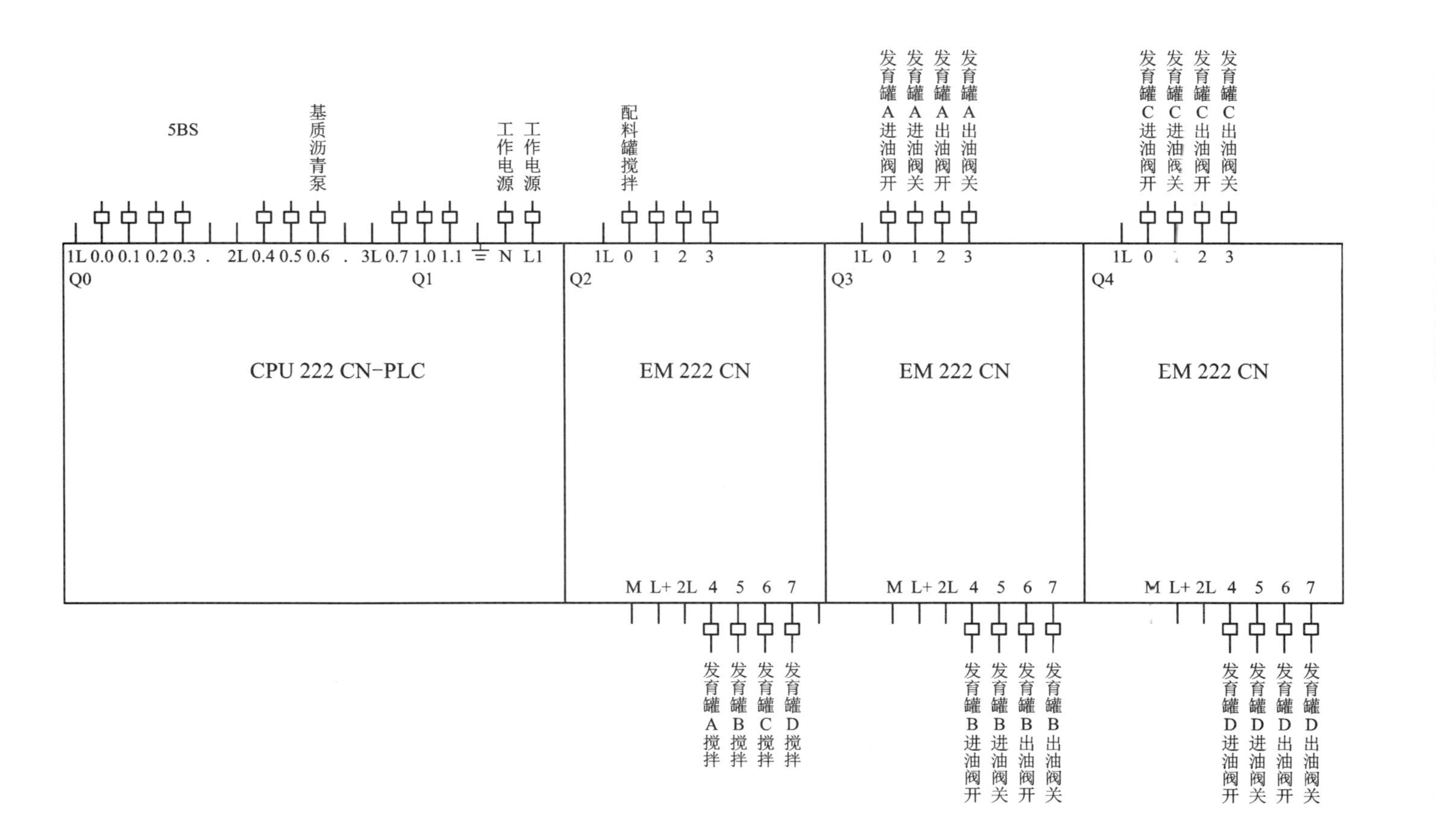

图6-31　新型橡胶沥青生产工艺流程

6.6 小结

(1)生产设备改造的重点就是裂解-聚合法橡胶颗粒改性沥青生产环节的重点，主要集中在高速分散配料装置搅拌系统、高速分散配料装置加热系统、加装快速升温换热系统、胶体磨系统以及强力搅拌发育系统等部分的改造，最终生产设备能够满足裂解-聚合法橡胶颗粒改性沥青生产要求，另外还需对生产设备进行电气改造，使其实现自动控制。

(2)裂解-聚合法橡胶颗粒改性沥青的工艺参数为：基质沥青加热温度控制在175℃，将橡胶颗粒加到基质沥青中进行溶胀，橡胶颗粒加入后整体温度会下降，在搅拌的同时继续升温到175℃并保持溶胀15~20 min，然后过磨剪切，添加聚合改性剂后将橡胶、沥青混合物打入成品罐，搅拌发育45~60 min后检测产品质量待用。

第 7 章　试验路铺筑

7.1　概况

甘南界—博克图—牙克石段公路是绥满国道主干线(GZ15)的重要部分，同时也是内蒙古干线公路的组成部分，该项目是国道主干线系统中重要的“一横”，是我国东北以及东北亚地区各国通往俄罗斯、蒙古及远东地区最为主要的国际通道之一。

2011 年 7 月项目组在大时尼奇互通展开了橡胶沥青混凝土的试验路段铺筑，交叉桩号：K116+600，时速：40 km/h，路基型式：单车道(8.5 m)，双车道(15.5 m)，最小匝道半径：60 m，匝道长：1347.1 m。上面层混合料类型：AC-16 型裂解-聚合法橡胶颗粒改性沥青。

7.2　原材料指标

裂解橡胶颗粒产品质量指标见表 7-1。

表 7-1　橡胶颗粒产品质量指标

序号	质量指标	指标结果
1	外观颗粒	黑颗粒或粉末
2	颗粒密度/($g \cdot cm^{-3}$)	1.0~1.2
3	剪切改性软化点/℃	>55
4	剪切改性针入度/0.1 mm	30~70
5	弹性恢复(15℃)/%	>55
6	延度(5℃)/cm	>5
7	175℃黏度/(Pa·s)	<2.0
8	150℃黏度/(Pa·s)	<3.0
9	135℃黏度/(Pa·s)	<6.0

所用沥青为 HXL90#沥青，其性能指标见表 7-2。

表 7-2　HXL90#性能指标

试验项目		单位	试验结果
针入度(25℃ 100 g, 5 s)		0.1 mm	80.2
针入度指数 PI		—	-1.4
软化点		℃	44.9
延度(10℃, 5 cm/min)		cm	>150
延度(15℃, 5 cm/min)		cm	>150
布氏黏度(135℃)		Pa · s	0.280
质量损失		%	-0.54
针入度比		%	60
RTFOT	延度(10℃, 5 cm/min)	cm	9.7
	延度(15℃, 5 cm/min)	cm	>150
	软化点	℃	51.3

注：RTFOT—旋转薄膜烘箱试验。

该试验路使用的橡胶颗粒改性沥青中橡胶颗粒质量分数为 20%，改性沥青的性能指标见表 7-3。

表 7-3　裂解橡胶颗粒改性沥青性能指标

<table>
<tr><th colspan="2">试验项目</th><th>单位</th><th>试验结果</th></tr>
<tr><td colspan="2">针入度(25℃ 100 g，5 s)</td><td>0. 1 mm</td><td>61</td></tr>
<tr><td colspan="2">针入度指数 PI</td><td>—</td><td>1. 3</td></tr>
<tr><td colspan="2">软化点</td><td>℃</td><td>55. 6</td></tr>
<tr><td colspan="2">离析(轮化点差)</td><td>℃</td><td>2. 1</td></tr>
<tr><td colspan="2">延度(5℃，5 cm/min)</td><td>cm</td><td>18. 5</td></tr>
<tr><td colspan="2">弹性恢复(15℃)</td><td>%</td><td>51. 2</td></tr>
<tr><td colspan="2">旋转黏度(180℃)</td><td>Pa · s</td><td>2。01</td></tr>
<tr><td rowspan="3">RTFOT</td><td>质量损失</td><td>%</td><td>0. 08</td></tr>
<tr><td>针入度比</td><td>%</td><td>81. 3</td></tr>
<tr><td>延度比(5℃)</td><td>%</td><td>75. 9</td></tr>
</table>

石料规格与第 5 章类似，AC-16 的级配范围选用规范规定的范围。

7.3　配合比设计与路用性能验证

7.3.1　配合比设计

各集料的密度及配合比见表 7-4。

表 7-4　各集料的密度以及配合比设计

<table>
<tr><th>集料种类</th><th>10~15 mm</th><th>5~10 mm</th><th>0~3 mm</th><th>3~5 mm</th><th>矿粉</th><th>合计</th></tr>
<tr><td>配合比/%</td><td>25. 0</td><td>22. 0</td><td>29. 0</td><td>20. 0</td><td>4. 0</td><td>100. 00</td></tr>
<tr><td>毛体积相对密度</td><td>2. 613</td><td>2. 612</td><td>2. 503</td><td>2. 559</td><td>2. 669</td><td rowspan="3">—</td></tr>
<tr><td>表观相对密度</td><td>2. 638</td><td>2. 646</td><td>2. 637</td><td>2. 639</td><td>2. 667</td></tr>
<tr><td>吸水率/%</td><td>0. 3</td><td>0. 5</td><td>1. 7</td><td>1. 3</td><td>—</td></tr>
</table>

混合料级配设计曲线如图 7-1 所示。

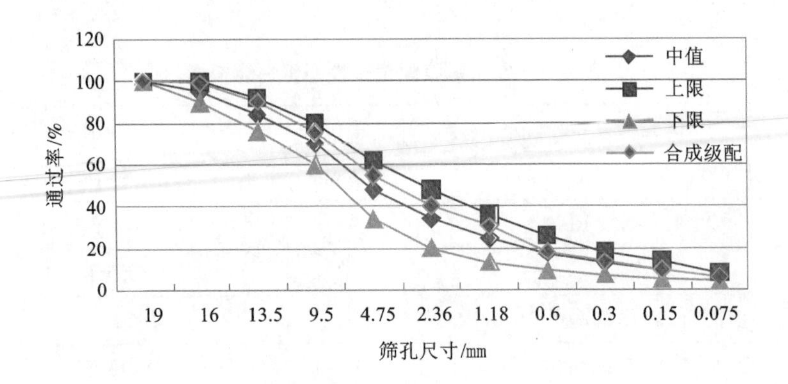

图 7-1　AC-16 混合料级配设计曲线图

7.3.2　最佳油石比的确定

通过制备油石比 5.0%到 6.5%的试件(间隔 0.5%)进行验证试验，相关指标见表 7-5。

表 7-5　马歇尔试验混合料性能指标

油石比/%	试件高度/mm	毛体积密度/(g·cm^{-3})	理论相对密度	空隙率/%	矿料间隙率/%	沥青饱和度/%	稳定度/kN	流值/0.1 mm
5.0	62.4	2.435	2.615	7.2	16.7	60.5	11.10	24.8
5.5	63.8	2.454	2.597	5.5	16.5	67.8	11.29	26.7
6.0	62.8	2.473	2.567	4.1	16.3	75.7	12.13	30.7
6.5	63.5	2.484	2.561	2.8	16.1	82.1	11.79	35.4

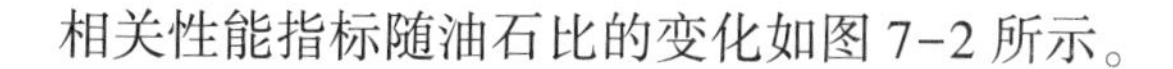

相关性能指标随油石比的变化如图 7-2 所示。

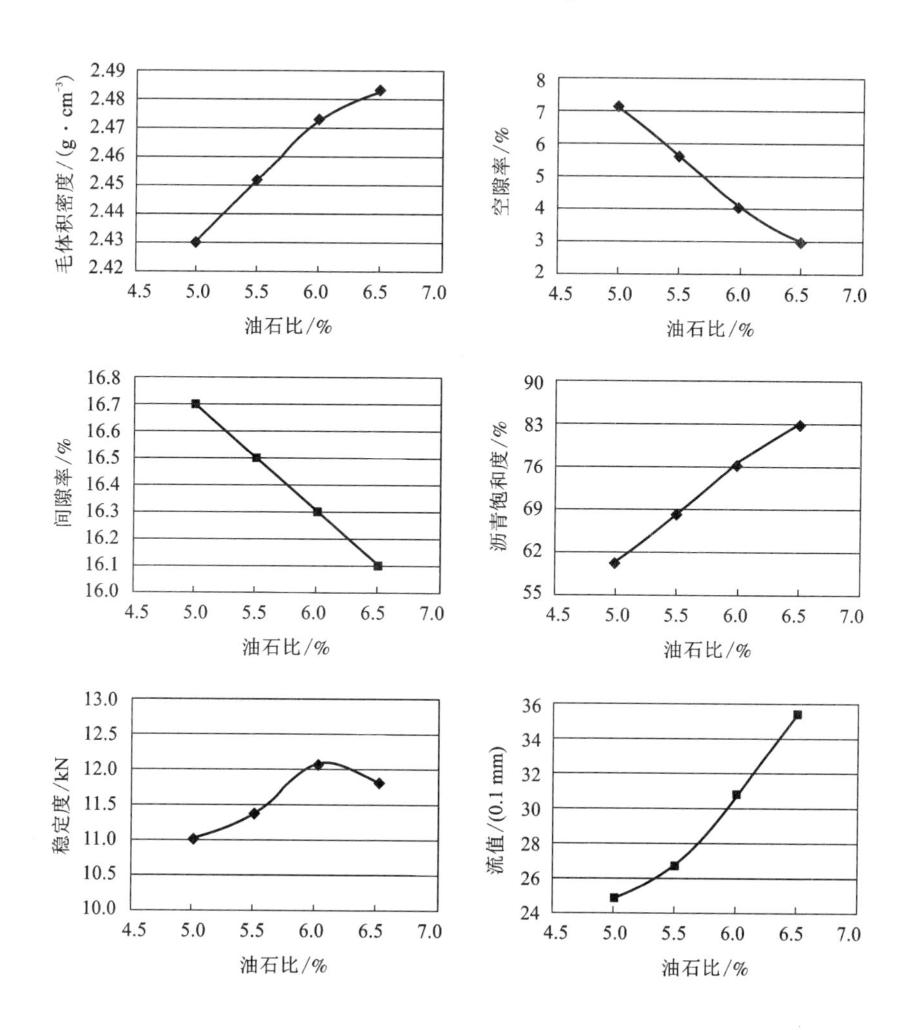

图 7-2　相关性能指标随油石比的变化图

由于裂解-聚合法橡胶颗粒改性沥青混合料在不同油石比下，混合料试件的密度并没有出现峰值，所以参照橡胶改性沥青技术相关资料，对中粒式密级配混合料直接取目标空隙率 4%对应的油石比为最佳油石比，即最佳油石比为 6.0%，SBS 改性干法类似，其性能指标见表 7-6。

表 7-6　SBS 改性沥青混合料性能指标

油石比/%	h/mm	$\rho_{毛}$	$\rho_{理论}$	空隙率/%	矿料间隙率/%	沥青饱和度/%	稳定度/kN	流值/mm
5.0	63.5	2.489	2.597	3.9	13.2	73.2	12.57	22.1

7.3.3　路用性能验证

两种混合料的路用性能指标见表 7-7，由表可知裂解-聚合法橡胶颗粒改性沥青混合料的相关性能满足要求。

表 7-7　两种混合料路用性能试验

类别	动稳定度/(次·mm^{-1})	破坏应变	冻融劈裂比/%	残留稳定度/%
裂解-聚合改性	3499	2836	83.7	91.5
SBS 改性	3947	3214	82.4	92.4

7.4　施工工艺及质量检测

1) 碾压工艺

碾压工艺参数见表 7-8，试验路现场施工图见图 7-3。

表 7-8　碾压工艺参数

路面类型	工艺	初压	复压	终压
橡胶颗粒改性	碾压遍数	钢轮静压 2 遍	先胶轮压 2 遍，再振动碾压 2 遍	静压 2 遍
沥青混凝土(AC-16)	压路机速度/(km·h^{-1})	4.5~5	4~5	4.5

2) 生产、摊铺、碾压温度

生产、摊铺、碾压温度控制见表 7-9。

图 7–3　试验路现场

表 7–9　沥青混合料的施工温度

项目	温度/℃
裂解–聚合法橡胶颗粒改性沥青加热温度	180~190
矿料温度	190~200
混合料拌和温度	180~185
混合料出厂温度	180~190
摊铺温度，不低于	175
初压开始温度，不低于	165
碾压终了的表面温度，不低于	90

3)施工质量检测

(1)试验路压实度检测结果见表7-10。

表7-10 试验路压实度检测结果

测点	压实度/%	路面实际空隙率/%
1	98.2	5.5
2	98.8	5.2
3	98.2	5.5
4	98.8	5.1
5	98.3	5.6
6	98.8	5.2
7	98.6	5.3

试验路各测点的压实度均大于98%，空隙率为5%~6%，均小于8%，满足规范要求。

(2)试验路平整度检测结果见表7-11。

表7-11 试验路平整度检测结果

测点	1	2	3	4	5	6	7	8	9	10	均值
平整度/mm	0.6	0.8	0.6	0.8	1.0	0.6	0.8	0.6	1.0	0.8	0.76

试验路各测点的平整度均小于3 mm，满足规范要求。

(3)试验路摩擦系数检测结果见表7-12。

表7-12 试验路摩擦系数检测结果

测点	1	2	3	4	5	6	7	8	9	10
摩擦系数/BPN	58	59	56	58	60	57	61	62	54	58

试验路各测点的摩擦系数均大于54 BPN，满足规范要求。

(4)试验路渗水系数检测结果见表7-13。

表7-13　试验路渗水系数检测结果

测点	1	2	3	4	5	6	7	8	9	10
渗水系数/($mL\cdot min^{-1}$)	151	163	238	214	235	165	206	248	237	195

试验路各测点的渗水系数均小于300 mL/min，满足规范要求。

7.5　小结

(1)试验路段位于绥满国道主干线(GZ15)甘南界博克图至牙克石段的一条闸道转弯处。闸道车速慢，转弯处对路面的要求更高，而该项目选用HXL90#基质沥青加20%橡胶颗粒改性沥青，采用AC-16级配设计制备沥青混凝土，最佳沥青用量为6%。通过试验检测和对试验路的观测，裂解-聚合法橡胶颗粒改性沥青AC级配设计能够满足实际工程要求。

(2)裂解-聚合法橡胶颗粒改性沥青混合料的摊铺与压实工艺较橡胶沥青简单，可参考SBS改性沥青的施工工艺。

第8章 环境保护及技术经济分析

8.1 裂解-聚合法橡胶颗粒改性沥青路面的环境影响分析

废旧橡胶粉重新利用有着巨大的社会及经济效益，其带来的环保效益不可估量，但是值得注意的是，在现场生产过程中，裂解橡胶颗粒易产生粉尘，并且异味较大，这对现场的人员及环境都将产生负面影响[76]。因此，为了最大限度地重复利用废旧橡胶粉，完全有必要对其进行相应的环境评价，以进一步推广其应用。

选择两种混合料的试验结果进行效益评价，相应的对比见表8-1。

表8-1 裂解-聚合法橡胶颗粒改性沥青、普通沥青混合料有害散发物质对比

试验条件	普通沥青混合料	橡胶颗粒改性沥青混合料
混合料的生产效率/($t \cdot h^{-1}$)	357	363
沥青用量/%	5.75	6.84
材料含水率/%	4.17	5.21
燃油的消耗/($L \cdot h^{-1}$)	2479	2612
排出的气体温度/℃	166	162

续表8-1

试验条件	普通沥青混合料	橡胶颗粒改性沥青混合料
混合料温度/℃	147	158
松方密度/$(g\cdot cm^{-3})$	1.317	1.213
排出气体湿度/%	27.0	29.3
拌和机温度/℃	127	132
实际排出气体流	2535	2703
干排出气体流	1333	1355

由表 8-1 可知，对于散发的有害物质，裂解-聚合法橡胶颗粒改性沥青与普通的沥青混合料所差无几，掺加裂解颗粒没有带来新的有害物质，因为有害物质的来源还与基质沥青有关，包括品种、温度等的影响，所以相对于普通沥青混合料，裂解-聚合法改性不会产生更多的污染，相对来说，其环境危害也较小，在可接受范围之内。

8.2　全寿命技术经济分析

相关研究表明，废旧橡胶粉相比于普通混合料有更可观的经济效益[78]，主要体现在两个方面：材料成本的节省与全寿命经济效益的提升。

8.2.1　材料成本测算

通过式(8-1)计算单位沥青的生产成本，以吨为计量单位。

$$Z=\frac{X+Y\times\omega}{1+\omega} \tag{8-1}$$

式中：X 为沥青的成本；Y 为改性剂的成本；ω 为橡胶掺量；Z 为结合料的成本。

通过考察得到废胎橡胶粉成本：2600 元/t，SBS 成本：20000 元/t。计算得到橡胶改性沥青材料成本，见表 8-2。

表 8-2 橡胶改性沥青材料成本测算

基质沥青价格/(元·t^{-1})	橡胶掺量(外掺)			
	20%	22%	24%	26%
	橡胶改性沥青材料成本/(元·t^{-1})			
3000	2654	2678	2845	2645
3500	3274	3154	3087	3254
4000	3526	3547	3671	3674
4500	4015	3854	2834	3821

由表 8-2 可知，国内沥青价格相对较高，其价格越高，橡胶粉利用的性价比就越突出，仅从材料成本看，橡胶粉的价格低于沥青，因此废旧橡胶粉利用越多，经济效益就越好，但也不意味着橡胶粉掺量越高，综合成本就越低，还需要考虑生产成本问题，众所周知，橡胶粉掺加越多，沥青黏度就越高，生产的设备越需要改善，这就无形中增加了相关费用，使成本大大升高，有可能橡胶粉成本就不占优势，因此在实际工程中，还是要将橡胶粉保持在一个合适的掺量下，这样在保证经济效益的同时也能保证材料的性能。

两种沥青的材料成本对比见表 8-3。

表 8-3 橡胶改性沥青与 SBS 改性沥青材料成本比较

基质沥青价格/(元·t^{-1})	SBS 改性沥青价格/(元·t^{-1})	橡胶颗粒，掺量为 20%	
		单价/(元·t^{-1})	减少率/%
3000	3446	2654	23.0
3500	4167	3274	21.4
4000	4675	3526	24.6
4500	5214	4015	22.9
平均		—	22.9

试验路中 SBS 按 4.2%添加，由表 8-3 可知，生产每吨裂解-聚合法橡胶颗粒改性沥青成本下降了 22.9%，因此其经济效益显著。

以上分析了结合料的成本，在实际使用中，重点还是沥青混合料，因此需要对混合料成本进行测算。

沥青混合料相关参数：

(1)密度：SBS改性：2.55 g/cm^3，裂解-聚合法改性：2.45 g/cm^3；

(2)沥青用量：SBS改性：4.8%，裂解-聚合法改性：5.7%；

(3)基质沥青单价：3000元/t；

(4)石料：松方密度：1.6 g/cm^3，单价：200元/m^3。

表8-4是相关成本测算对比。

表8-4 两种混合料生产成本测算对比

混合料类型	单位质量/t	油石比/%	结合料		矿料			总价格/元	差价率/%
			质量/t	价格/元	质量/t	体积/m^3	价格/元		
SBS-AC	2.55	5.0	0.121	644	2.429	1.518	304	947	5.07
AR-AC	2.45	6.0	0.139	610	2.311	1.445	289	899	

由表8-4可知，对于每立方混合料总价，裂解-聚合法橡胶颗粒改性沥青比SBS改性沥青降低了5.07%。由于现场考虑两种混合料生产设备相同，碾压拌和等工艺也所差无几，因此其加工、施工成本相差不大，所以综合来看，裂解-聚合法橡胶颗粒改性沥青的造价低于SBS改性沥青，因此其性价比较高。

8.2.2 寿命周期分析

国内应用橡胶改性沥青的时间较短，因此主要根据国外应用的橡胶改性沥青路面寿命计算其长期费用。

2002年，美国亚利桑那州交通厅开展两种路面的全寿命费用分析，选用的路段：40号州际公路的196~204 km段，路面总厚度：13.5 in(34.39 cm)，结构：0.5 in(1.27 cm) 橡胶改性开级配磨耗层(AR-ACFC)+2 in(5.08 cm)橡胶改性+3 in(7.62 cm)传统沥青混合料+8 in(20.32 cm)旧水泥砼。对比路段总厚度：21 in(53.34 cm)，结构：11 in(27.94 cm) 沥青混凝土+6 in(15.24 cm)沥青处置层+4 in(10.16 cm)级配碎石。表8-5为建设养护和用户费用对比。

表 8-5　建设养护和用户费用的比较

年限	普通沥青混凝土(MC/ $)	橡胶改性沥青混凝土(MC/ $)	差价(MC/ $)
0	1456715	956247	500468
5	1756	1284	472
10	7574	4189	3385
15	11024	5768	5256
20	12046	6574	5472
25	13014	6741	6273

注：MC—成本；$ —以美元计入。

由表 8-5 可知，对于初始建设费用，普通沥青混凝土比橡胶改性沥青混凝土高出 30%左右，在后期养护上，全寿命周期内橡胶改性沥青混凝土的成本更低，因此橡胶改性沥青混凝土的经济优势更加明显。

8.3　小结

(1)裂解-聚合法橡胶颗粒改性沥青与普通沥青混合料基本所差无几，掺加裂解橡胶颗粒没有带来新的有害物质，其中有害物质的来源还与基质沥青有关，其中包括品种、温度等的影响，所以相对于普通沥青混合料，裂解-聚合法橡胶颗粒改性沥青不会有更多的污染源，相对来说，裂解-聚合法橡胶颗粒改性沥青的环境危害也较小。

(2)综合来看，裂解-聚合法橡胶颗粒改性沥青的造价低于 SBS 改性沥青，因此其性价比较高。

(3)对于初始建设费用，普通沥青混凝土比橡胶改性沥青混凝土高出 30%左右，在后期养护上，全寿命周期内橡胶改性沥青混凝土的成本更低，因此其经济优势更加明显。

第9章　结论及建议

9.1　结论

本书系统研究了裂解-聚合法过磨研磨型橡胶改性沥青的加工工艺、改性机理、技术性能和评价指标、混合料配合比设计方法及其路用性能，通过铺筑试验路段分析了其经济效益，得到以下主要结论：

（1）针对40~60目橡胶粉，通过添加适量裂解剂，经重新造粒生产出新型橡胶颗粒，具有飘尘少、易于搅拌、加入沥青后黏度降低等特点。

（2）裂解造粒后的橡胶颗粒与聚合改性剂一起经过研磨，使部分裂解的橡胶颗粒适度交联聚合形成三维立体结构，明显改善了沥青的高、低温性能，以及抗疲劳性能和耐久性能。

（3）本书分析了剪切温度、速率、时间和橡胶粉掺量对裂解-聚合法橡胶颗粒改性沥青技术性能的影响，结果表明剪切温度越低，橡胶改性沥青黏度越大，橡胶粉在沥青中越不易分散；剪切温度过高则易引起沥青老化，从而影响沥青性能；剪切速率越小，橡胶颗粒细化越慢，越不易形成稳定的橡胶改性沥青体系；剪切时间越短，橡胶粉分散效果越差，剪切时间过长时，橡胶粉易发生降解，从而降低沥青的使用性能。

(4)橡胶粉掺量是影响裂解-聚合法橡胶颗粒改性沥青性能最重要的因素之一。黏度、针入度、延度和弹性恢复等指标均随着橡胶粉掺量的增加而增大。橡胶粉掺量较小时，主要体现为基质沥青自身的性能，随着橡胶粉掺量的增加，橡胶改性沥青更多地呈现出废胎橡胶粉的特性。推荐裂解-聚合法橡胶颗粒改性沥青的合理掺量为20%。

(5)采用裂解-聚合法生产工艺制备的橡胶颗粒改性沥青，其低温性能及弹性恢复较基质沥青有较大幅度提高，黏度与SBS改性沥青相差不大；裂解-聚合法橡胶颗粒改性沥青的高温性能按照SHRP分级达到PG76的要求，具有较好的高温稳定性。

(6)扫描电子显微镜(SEM)分析结果表明橡胶粉在沥青中发生了明显的溶胀现象，而经过裂解-聚合工艺后，橡胶粉在沥青中分布更加均匀；差式扫描量热实验(DSC)表明橡胶粉裂解-聚合改性后，DSC曲线吸热峰面积减小，温度敏感性降低；通过红外光谱(IR)图像对比可知，裂解-聚合改性使沥青与橡胶粉发生了化学反应，改善了二者相容性。

(7)干法与湿法生产的橡胶(粉)沥青混合料与SBS改性沥青混合料相比，其高温抗车辙能力和水稳定性更优。级配对橡胶改性沥青混合料性能的影响较大，间断级配更适用于橡胶改性沥青混合料。通过将橡胶颗粒计入级配曲线，可以有效避免其与其他集料的干涉作用，混合料的综合性能更优。

(8)生产过磨研磨型裂解-聚合法橡胶颗粒改性沥青可在原有SBS改性沥青生产设备的基础上进行改造升级。通过在配料罐罐壁铺设环绕式加热管道并取消内设盘管式加热的方式，实现了快速升温；通过将搅拌桨叶改造成弧形桨叶的形式，能够形成向下和向内的搅拌涡流，从而使橡胶颗粒的添加更加顺畅，减小搅拌阻力，降低能耗；通过将胶体磨中动磨盘和静磨盘磨刀之间的夹角设置为90°并使磨盘之间间隙可调，改善了黏度较大的裂解-聚合法橡胶颗粒改性沥青过磨的缺点，实现了均匀研磨；优化了整个电气系统，实现了改性生产设备自动化操作。

(9)AC-16型裂解-聚合法过磨研磨型橡胶颗粒改性沥青混合料的试验路结果表明其综合使用效果较好。

(10)本书分析比较了橡胶改性沥青混合料与普通沥青混合料的环境效益和经济效益，结果表明橡胶改性沥青混合料在全寿命使用周期内，具有比普通沥青混合料更大的经济优势。

9.2 创新点

(1)本书提出了裂解-聚合法生产橡胶颗粒改性沥青的方法。自行研发了部分裂解的新型橡胶颗粒，将其与聚合改性剂一起研磨制备改性沥青，使部分裂解的橡胶颗粒适度交联聚合形成三维立体结构，明显改善了沥青的高、低温性能，以及抗疲劳性能和耐久性能。

(2)基于扫描电子显微镜(SEM)、差式扫描量热法(DSC)以及红外光谱(IR)实验揭示了裂解-聚合法橡胶颗粒改性沥青的改性机理，表现为溶胀过程明显，颗粒分布均匀，实现了相体间的化学反应相容。

(3)提出了裂解-聚合法橡胶颗粒改性沥青混合料配合比设计方法及适用范围。对于干法工艺，应将橡胶颗粒计入矿料级配中进行设计；对于湿法工艺，采用间断级配更有利于橡胶改性沥青在路用中发挥作用。

(4)系统改造了过磨研磨型裂解-聚合法橡胶颗粒改性沥青生产设备的加热、搅拌及胶体磨研磨系统。在配料罐罐壁铺设环绕式加热管道促使加热更加均匀且罐内不留搅拌死角；采用弧形桨叶的形式改善了橡胶粉搅拌效果；通过改变胶体磨中动磨盘和静磨盘磨刀之间的夹角，实现了均匀细微研磨。

9.3 进一步研究建议

本书的研究由于时间和条件的限制，还有许多需要完善的地方，进一步研究建议如下：

(1)过磨研磨型裂解-聚合法橡胶颗粒改性沥青机理研究不够深入，在条件具备的情况下，希望能够进一步通过各种先进的试验分析设备对其改性机理进行深入研究。

(2)本书只重点对AC、ARHM型级配的裂解-聚合法橡胶颗粒改性沥青进行了深入的研究，其余级配例如SMA型级配等仍需要进一步深入研究。

参考文献

[1] ASTM D8. Standard Terminology Relationg to Materials for Roads and Pavements[S]. West Conshohocken: American Society for Testing and Materials, 2001.

[2] 吕伟民. 橡胶沥青路面技术[M]. 北京: 人民交通出版社, 2011.

[3] 马楠. "黑色污染"如何实现"绿色再生"[J]. 中国检验检疫, 2005(8): 14-15.

[4] 张小英, 徐传杰, 孔宪明. 废橡胶粉改性沥青研究综述(1)[J]. 石油沥青, 2004, 18(4): 1-5.

[5] 王旭东, 李美江, 孙长军. 废轮胎胶粉在公路工程中的应用及前景展望[J]. 中国轮胎资源综合利用, 2005(7): 16-19, 31.

[6] 黄文元, 废旧轮胎橡胶粉用于路面沥青改性的产业化技术研究[D]. 上海: 上海交通大学, 2008.

[7] BAHIA H U, DAVIES R. Factors controlling the effect of crumb rubber on critical properties of asphalt binders[J]. Journal of the Association of Asphalt Paving, 1995, 64: 130-162.

[8] 李美江, 王旭东. 橡胶粉改性沥青性能研究[C]//2004年道路工程学术交流会论文集, 2004: 249-255.

[9] GREEN E, TOLONEN W. Thechemical and physical properties of Asphalt-Rubber Mixture. part-I. Basix Material Bahavior[J]. Roads, 1977, FHWA-AI-HPR14-162.

[10] Billter T C. The Characterization of Asphalt-Rubber Binder [D]. Texas: Texas A&M University, 1996.

[11] NAVARRO F J, PARTAL P, MART NEZ-BOZA F, et al. Thermo-rheological behaviour and storage stability of ground tire rubber-modified bitumens[J]. Fuel, 2004, 83(14/15): 2041-2049.

[12] 李明亮. 废轮胎胶粉改性沥青材料的路用性能研究[D]. 大连: 大连理工大学, 2007.

[13] 王廷国. 废胶粉改性沥青及沥青混合料的研究[D]. 长春: 吉林大学, 2005.

[14] TORTUM A, ÇELIK C, CÜNEYT AYDIN A. Determination of the optimum conditions for tire rubber in asphalt concrete[J]. Building and Environment, 2005, 40(11): 1492-1504.

[15] NTEKIM A N E. Effects of Moisture on Asphalt-Rubber Mixtures Using Superpave[D]. New York: Civil Engineering for Polytechnic University. 2001.

[16] LEE S J, AKISETTY C K, AMIRKHANIAN S N. The effect of crumb rubber modifier (CRM) on the performance properties of rubberized binders in HMA pavements[J]. Construction and Building Materials, 2008, 22(7): 1368-1376.

[17] 黄文元, 徐立廷. 国内外轮胎橡胶在路面工程中的应用及研究[C]//全国路面材料及新技术研讨会. 2005.

[18] 李美江, 王旭东. 橡胶粉在沥青及混合料中的作用机理研究[C]//第四届亚太可持续发展交通与环境技术大会论文集, 2005: 257-261.

[19] JEONG K D, LEE S J, AMIRKHANIAN S N, et al. Interaction effects of crumb rubber modified asphalt binders[J]. Construction and Building Materials, 2010, 24(5): 824-831.

[20] ODA S, LEOMAR FERNANDES J Jr, ILDEFONSO J S. Analysis of use of natural fibers and asphalt rubber binder in discontinuous asphalt mixtures [J]. Construction and Building Materials, 2012, 26(1): 13-20.

[21] THIVES L P, PAIS J C, PEREIRA P A A, et al. Assessment of the digestion time of asphalt rubber binder based on microscopy analysis[J]. Construction and Building Materials, 2013, 47: 431-440.

[22] JEONG K D, LEE S J, AMIRKHANIAN S N, et al. Interaction effects of crumb rubber modified asphalt binders[J]. Construction and Building Materials, 2010, 24(5): 824-831.

[23] THIVES L P, PAIS J C, PEREIRA P A A, et al. Assessment of the digestion time of asphalt rubber binder based on microscopy analysis[J]. Construction and Building Materials, 2013, 47: 431-440.

[24] MORENO F, SOL M, MARTÍN J, et al. The effect of crumb rubber modifier on the resistance of asphalt mixes to plastic deformation[J]. Materials & Design, 2013, 47: 274-280.

[25] IBRAHIM I M, FATHY E S, EL-SHAFIE M, et al. Impact of incorporated gamma irradiated

crumb rubber on the short-term aging resistance and rheological properties of asphalt binder [J]. Construction and Building Materials, 2015, 81: 42-46.

[26] MORENO F, SOL M, MARTÍN J, et al. The effect of crumb rubber modifier on the resistance of asphalt mixes to plastic deformation[J]. Materials & Design, 2013, 47: 274-280.

[27] 叶智刚, 孔宪明, 余剑英, 等. 橡胶粉改性沥青的研究[J]. 武汉理工大学学报, 2003, 25(1): 11-14.

[28] IBRAHIM I M, FATHY E S, EL-SHAFIE M, et al. Impact of incorporated gamma irradiated crumb rubber on the short-term aging resistance and rheological properties of asphalt binder [J]. Construction and Building Materials, 2015, 81: 42-46.

[29] 中华人民共和国交通运输部. 公路工程 废胎胶粉橡胶沥青: JT/T 798—2011[S]. 北京: 人民交通出版社, 2011.

[30] CHIU C T, LU L C. A laboratory study on stone matrix asphalt using ground tire rubber[J]. Construction and Building Materials, 2007, 21(5): 1027-1033.

[31] 黄文元, 张隐西. 橡胶沥青复合力学作用机理及其指标体系框架[J]. 石油沥青, 2006, 20(4): 61-66.

[32] 许爱华, 郭朝阳, 卢伟. 废胎胶粉橡胶沥青改性机理研究[J]. 交通科技,2010(3):87-89.

[33] 黄文元, 孙立军, 王旭东. 橡胶粉改性沥青混凝土的性能评价和施工工艺措施研究[J]. 上海公路, 2004(2): 6-10, 4.

[34] 黄卫东, 王伟, 黄岩, 等. 橡胶沥青混合料高温稳定性影响因素试验[J]. 同济大学学报(自然科学版), 2010, 38(7): 1023-1028.

[35] 刘亚敏, 韩森, 徐鸥明. 掺外加剂的橡胶沥青 SMA 混合料设计方法[J]. 长安大学学报(自然科学版), 2011, 31(3): 13-16.

[36] 李强, 郑炳锋, 朱磊, 等. 橡胶粉改性沥青的混溶机理及其胶浆性能研究[J]. 中外公路, 2013, 33(5): 245-248.

[37] 于雷, 郭朝阳, 陈小兵, 等. 橡胶沥青混合料动态模量及其主曲线研究[J]. 中外公路, 2015, 35(2): 203-207.

[38] 李海莲, 李波, 王起才, 等. 基质沥青对废旧胶粉改性沥青流变性的影响机理研究[J]. 兰州交通大学学报, 2016, 35(6): 8-13.

[39] 汪水银, 郭朝阳, 彭锋. 废胎胶粉沥青的改性机理[J]. 长安大学学报(自然科学版), 2010, 30(4): 34-38.

[40] 王笑风, 曹荣吉. 橡胶沥青的改性机理[J]. 长安大学学报(自然科学版), 2011, 31(2): 6-11.

[41] 李宇峙，黄敏，黄云涌．橡胶沥青混凝土（干法）压实特性及高温稳定性室内试验研究［J］．公路，2003，48（10）：87-90.

[42] 全旭东．废橡胶粉改性沥青界面作用机理及性能研究［D］．武汉：武汉科技大学，2011.

[43] 北京市路政局．北京市废胎胶粉沥青及混合料设计施工技术指南［M］．北京：人民交通出版社，2007.

[44] 郝培文．沥青与沥青混合料［M］．北京：人民交通出版社，2009.

[45] 杨戈，黄卫东，李彦伟，等．橡胶沥青混合料高温性能评价指标的试验研究［J］．建筑材料学报，2010，13（6）：753-758.

[46] 刘亚敏，韩森，徐鸥明．掺外加剂的橡胶沥青 SMA 混合料设计方法［J］．长安大学学报（自然科学版），2011，31（3）：13-16.

[47] SHEN J N，AMIRKHANIAN S. The influence of crumb rubber modifier（CRM）microstructures on the high temperature properties of CRM binders［J］. International Journal of Pavement Engineering，2005，6（4）：265-271.

[48] 李强，郑炳锋，朱磊，等．橡胶粉改性沥青的混溶机理及其胶浆性能研究［J］．中外公路，2013，33（5）：245-248.

[49] 黄明，汪翔，黄卫东．橡胶沥青混合料疲劳性能的自愈合影响因素分析［J］．中国公路学报，2013，26（4）：16-22，35.

[50] 张文武．废胎胶粉改性沥青机理研究［D］．重庆：重庆交通大学，2009.

[51] 郄磊堂，吴正莺，王新宽．废旧橡胶粉改性沥青混合料的性能研究［J］．科海故事博览：科技探索，369：107-112.

[52] 于雷，郭朝阳，陈小兵，等．橡胶沥青混合料动态模量及其主曲线研究［J］．中外公路，2015，35（2）：203-207.

[53] HEITZMAN M. State of the practice：Design and construction of asphalt paving materials with crumb-rubber modifier. Final report［J］. asphalt rubber，1992.

[54] 李美江，王旭东．橡胶粉在沥青中的作用机理研究［C］//橡胶沥青在路面工程中应用技术交流会．中国公路学会;交通部，2006.

[55] 刘月娇．橡胶沥青及其 SMA 混合料技术性能研究［D］．西安：长安大学，2010.

[56] 杨人凤，党延兵，李爱国．橡胶沥青质量评价指标研究［J］．公路，2009，54（6）：174-178.

[57] 路凯冀，张春梅．国外沥青橡胶标准对比分析［C］//橡胶沥青在路面工程中应用技术交流会．中国公路学会;交通部，2006.

[58] 沈金安．沥青及沥青混合料路用性能［M］．北京：人民交通出版社，2001.

[59] 郭朝阳. 废胎胶粉橡胶沥青应用技术研究[D]. 重庆: 重庆交通大学, 2008.

[60] 陆晶晶. 橡胶沥青性能影响因素与改性机理研究[D]. 西安: 长安大学, 2010.

[61] 孙杨勇, 张起森. 沥青粘度测定及其影响因素分析[J]. 长沙交通学院学报, 2002, 18(2): 67-70.

[62] ASTM D 6114-97. Standard Specification for Asphalt-Rubber Binder[S]. West Conshohocken: American Society for Testing and Materials, 1998.

[63] ASTM D 2196-1999. Standard Test Methods for Rheological Properties of Non-Newtonian Materials by Rotational (Brookfield type) Viscometer[S]. West Conshohocken: American Society for Testing and Materials, 1999.

[64] 张丽宏. 沥青黏度影响因素的研究[J]. 石油沥青, 2014, 28(4): 68-72.

[65] 黄文元, 张隐西. 路面工程用橡胶沥青的反应机理与进程控制[J]. 公路交通科技, 2006, 23(11): 5-9.

[66] 黄文元. 轮胎橡胶粉改性沥青路用性能及应用研究[D]. 上海: 同济大学, 2004.

[67] 彭勇, 孙立军. 基于分形理论沥青混合料均匀性评价方法[J]. 哈尔滨工业大学学报, 2007, 39(10): 1656-1659.

[68] 王旭东, 李美江, 路凯冀. 橡胶沥青及混凝土应用成套技术[M]. 北京: 人民交通出版社, 2008.

[69] 弥海晨, 郭平, 胡苗. 橡胶沥青粘度测试影响因素及粘度值确定方法研究[J]. 中外公路, 2010, 30(5): 301-304.

[70] 柳芒英. 橡胶粉改性沥青及其混合料路用性能研究[D]. 南京: 南京林业大学, 2009.

[71] 孙祖望, 陈舜明, 张广春. 橡胶沥青路面技术应用手册[M]. 北京: 人民交通出版社, 2014.

[72] SHEN J N, AMIRKHANIAN S. The influence of crumb rubber modifier (CRM) microstructures on the high temperature properties of CRM binders[J]. International Journal of Pavement Engineering, 2005, 6(4): 265-271.

[73] 张小英, 徐传杰, 孔宪明. 废橡胶粉改性沥青研究综述(1)[J]. 石油沥青, 2004, 18(4): 1-5.

[74] MAGDY A A. Engineering characterization of the interaction of asphalt with crumb rubber modifier (CRM)[J]. Science & Engineering, 1997, 57(8): 5197-5208.

[75] 朱文琪, 刘松, 黄继业, 等. 湖北武麻高速公路橡胶沥青路面设计与应用[J]. 交通科技, 2011(6): 50-53.

[76] 周骊巍. 沥青混合料水稳性研究[D]. 天津: 河北工业大学, 2005.

[77] 王闻. 掺加 TOR 橡胶改性沥青及混合料技术性能研究[D]. 西安：长安大学，2010.
[78] 吴中华. 橡胶粉改性沥青及混合料路用性能研究[D]. 杭州：浙江大学，2013.
[79] 柳芒英. 橡胶粉改性沥青及其混合料路用性能研究[D]. 南京林业大学，2009.
[80] 何亮，马育，凌天清，等. 橡胶改性沥青及老化特征微观尺度分析[J]. 功能材料，2015，46(21)：21093-21098.
[81] 董夏鑫，黄晓明，陈怡林，等. 反应型橡胶改性沥青的微观改性机理分析[J]. 中外公路，2016，36(5)：212-215.
[82] 孟会林. 界面改性橡胶颗粒沥青混合料路用性能研究[J]. 石油沥青，2015，29(4)：35-39.
[83] 谭华，胡松山，刘斌清，等. 基于流变学的复合改性橡胶沥青黏弹特性研究[J]. 土木工程学报，2017，50(1)：115-122.
[84] 周帅，姚鸿儒，王仕峰，等. 胶粉沥青相互作用的微观结构与组成变化[J]. 石油沥青，2015，29(2)：44-48.

附录 电气控制系统程序

具体控制编程如下：

程序开始

```
(＊基质泵转速计数        ＊)
BLK    %FC0
LD     %I0.0.0
IN
LD     %M200
R
END_BLK
LD     1
[ %MD20 := %FC0.VD ]
(＊将累计流量的整型转换成实型    ＊)
LD     1
[ %MF50 := DINT_TO_REAL( %MD20 ) ]
(＊基质泵累计流量，乘以一个系数后为实际累计流量 ＊)
LD     1
[ %MF60 := %MF50 * %MF2 ]
LD     1
```

```
[ %MD50 : = REAL_TO_DINT( %MF60 ) ]
LD      1
[ %MD54 : = REAL_TO_DINT( %MF60 ) ]
( * 通讯指示 * )
BLK     %TM40
LDN     %M10
IN
OUT_BLK
LD      Q
ST      %M11
END_BLK
( * 通讯指示 * )
BLK     %TM41
LD      %M11
IN
OUT_BLK
LD      Q
ST      %M10
END_BLK
BLK     %TM30
LDN     %M8
IN
OUT_BLK
LD      Q
ST      %M9
END_BLK
BLK     %TM31
LD      %M9
IN
OUT_BLK
LD      Q
```

```
ST      %M8
END_BLK
LDR   %M9
[ %MF80 := %MF60 ]
LDF   %M9
[ %MF90 := %MF60 ]
LD      1
[ %MF100 := %MF90 - %MF80 ]
LD      1
[ %MF68 := ABS( %MF100 ) ]
( * 基质泵瞬时流量    * )
LD      1
[ %MF110 := %MF68/5.0 ]
( * 基质泵瞬时流量清零 * )
LDN    %I0.0.0
[ %MF110 := 0.0 ]
( * 转速计数   * )
BLK    %FC1
LD      %I0.0.4
IN
LD      %M201
R
END_BLK
LD      1
[ %MD30 := %FC1.VD ]
LD      1
[ %MF54 := DINT_TO_REAL( %MD30 ) ]
( * 螺旋机累积流量 * )
LD      1
[ %MF64 := %MF54 * %MF6 ]
LD      1
```

```
[ %MD70 : = REAL_TO_DINT( %MF64 ) ]
LD      1
[ %MD74 : = REAL_TO_DINT( %MF64 ) ]
LDR     %M9
[ %MF84 : = %MF64 ]
LDF     %M9
[ %MF94 : = %MF64 ]
LD      1
[ %MF98 : = %MF94 - %MF84 ]
LD      1
[ %MF108 : = ABS( %MF98 ) ]
( * 沥青瞬时流量     * )
LD      1
[ %MF114 : = %MF108/5.0 ]
( * 沥青瞬时流量清零 * )
LDN     %I0.0.4
[ %MF114 : = 0.0 ]
( * 1#发育罐油位 * )
LD      1
[ %MW90 : = %IW0.2.0 ]
( * 2#发育罐油位 * )
LD      1
[ %MW92 : = %IW0.2.1 ]
( * 高速分散配料罐油位 * )
LD      1
[ %MW94 : = %IW0.2.2 ]
( * 1#发育罐温度 * )
LD      1
[ %MW36 : = %IW0.3.0 ]
LD      1
[ %MW46 : = %MW36 + 5 ]
```

```
LD      1
[ %MW16 : = %MW46/10 ]
( * 2#发育罐温度 * )
LD      1
[ %MW38 : = %IW0.3.1 ]
LD      1
[ %MW19 : = %MW18 + 1 ]
LD      1
[ %MW48 : = %MW38 + 5 ]
LD      1
[ %MW18 : = %MW48/10 ]
LD      1
[ %MW20 : = %MW18 + 5 ]
( *基质泵 启动 * )
LD      %I0.0.1
AND(    %M20
OR      %M50
)
ANDN    %M30
ST      %M50
( *螺旋机启动 * )
LD      %I0.0.5
AND(    %M21
OR      %M51
)
ANDN    %M31
ST      %M51
( *成品泵启动   * )
LD      %I0.0.7
AND(    %M22
OR      %M63
```

```
)
ANDN   %M32
ST     %M63
ST     %Q0.0.4
(＊三号搅拌启动  ＊)
LD     %I0.0.8
AND(   %M23
OR     %M53
)
ANDN   %M33
ST     %M53
(＊预混泵屏启动 ＊)
LD     %I0.0.20
AND(   %M24
OR     %M54
)
ANDN   %M34
ST     %M54
(＊高速分散机启动 ＊)
LD     %I0.0.22
AND(   %M25
OR     %M55
)
ANDN   %M35
ST     %M55
(＊配料搅拌机启动  ＊)
LD     %I0.1.0
AND(   %M26
OR     %M64
)
ANDN   %M36
```

```
ST      %M64
ST      %Q0.0.12
(＊上料器启动   ＊)
LD      %I0.1.2
AND(    %M27
OR      %M65
)
ANDN    %M37
ST      %M65
ST      %Q0.0.13
(＊进料阀屏启动   ＊)
LD      %I0.0.10
AND(    %M78
OR      %M67
)
ANDN    %M79
ST      %M67
ST      %Q0.0.5
(＊出料阀屏启动   ＊)
LD      %I0.0.13
AND(    %M29
OR      %M66
)
ANDN    %M39
ST      %M66
ST      %Q0.0.6
(＊一号基质沥青泵 ＊)
LD      %I0.0.16
AND(    %M71
OR      %M68
)
```

```
ANDN   %M72
ST     %M68
ST     %Q0.0.7
(＊ 1#发育罐搅拌自动控制程序        二段控制   ＊)
LD     %I0.0.16
AND    %M110
AND    %M102
ST     %Q0.0.14
(＊混料泵 ＊)
LD     %I0.0.18
AND(   %M73
OR     %M70
)
ANDN   %M74
ST     %M70
ST     %Q0.0.8
(＊ 2#发育罐搅拌自动控制程序        二段控制      ＊)
LD     %I0.0.18
AND    %M111
AND    %M104
ST     %Q0.0.15
(＊自动控制程序45-------------32          ＊)
LD     %M150
AND    %I0.0.11
ANDN   %M95
OR(    %M150
AND    %I0.0.12
ANDN   %M99
)
OR     %M100
ANDN   %M151
```

```
ANDN   %M97
ST     %M100
LD     %I0.0.20
AND(   %M100
AND(   %I0.0.11
OR     %I0.0.12
)
OR     %M54
)
ANDN   %M97
ST     %Q0.0.9
BLK    %TM0
LD     %I0.0.22
AND    %M100
AND    %I0.0.21
ANDN   %M96
IN
OUT_BLK
LD     Q
ST     %M80
END_BLK
LD     %M80
OR(    %I0.0.22
AND    %M55
)
ST     %Q0.0.10
BLK    %TM4
LD     %I0.0.1
AND    %M100
AND    %I0.0.23
ANDN   %M98
```

```
IN
OUT_BLK
LD      Q
ST      %M81
END_BLK
LD      %M81
OR(     %I0.0.1
AND     %M50
)
ST      %Q0.0.2
BLK     %TM2
LD      %I0.0.5
AND     %M100
AND     %I0.0.0
ANDN    %M91
IN
OUT_BLK
LD      Q
ST      %M82
END_BLK
LD      %M82
ANDN    %M91
OR(     %I0.0.5
AND     %M51
)
ST      %Q0.0.3
BLK     %TM3
LD      %I0.0.8
AND     %M100
AND     %I0.0.4
ANDN    %M90
```

```
IN
OUT_BLK
LD      Q
ST      %M83
END_BLK
LD      %M83
ANDN    %M90
OR(     %I0.0.8
AND     %M53
)
ST      %Q0.0.11
(＊自动程序手动停止 ＊)
LD      %M33
OR      %M90
AND     %M100
ST      %M90
BLK     %TM10
LD      %M90
IN
OUT_BLK
LD      Q
ST      %M91
END_BLK
LD      %M95
AND     %I0.0.11
OR(     %M99
AND     %I0.0.12
)
OR      %M98
AND     %M100
ST      %M98
```

```
（＊ 1#反应釜发育罐比较，实际大于设定后，停止基质泵，带动下面连锁
＊）
BLK    %TM5
LD     [ %MW90 > 62 ]
IN
OUT_BLK
LD     Q
ST     %M95
END_BLK
（＊ 2#反应发育罐比较，实际大于设定后，停止基质泵，带动下面连锁  ＊）
BLK    %TM8
LD     [ %MW92 > 62 ]
IN
OUT_BLK
LD     Q
ST     %M99
END_BLK
BLK    %TM11
LD     %M98
IN
OUT_BLK
LD     Q
ST     %M96
END_BLK
BLK    %TM12
LD     %M96
IN
OUT_BLK
LD     Q
ST     %M97
END_BLK
```

```
LD      1
[ %MF10 : = INT_TO_REAL( %MW14 ) ]
( * 1#反应釜发育罐液位整数转换成实数        待用   * )
LD      1
[ %MF12 : = INT_TO_REAL( %MW90 ) ]
( * 2#反应釜发育罐温度整数转换成实数          待用 * )
LD      1
[ %MF14 : = INT_TO_REAL( %MW92 ) ]
( * MF20 为一号反应釜发育罐第一段温度点    * )
BLK    %TM15
LD      [ %MW16 > %MW24 ]
IN
OUT_BLK
LD      Q
ST      %M101
END_BLK
( * MF22 为一号反应釜发育罐第二段温度点     * )
BLK    %TM16
LD      [ %MW16 < %MW52 ]
IN
OUT_BLK
LD      Q
ST      %M102
END_BLK
( * MF24 为二号反应发育罐釜第一段温度点     * )
BLK    %TM17
LD      [ %MW18 > %MW28 ]
IN
OUT_BLK
LD      Q
ST      %M103
```

```
END_BLK
(＊ MW56 为二号反应发育罐釜第二段温度点        ＊)
BLK    %TM18
LD     [ %MW18 < %MW56 ]
IN
OUT_BLK
LD     Q
ST     %M104
END_BLK
(＊ 1#发育罐搅拌启动条件，1#发育罐实际液位大于设定，启动    ＊)
BLK    %TM20
LD     [ %MW90 > 30 ]
IN
OUT_BLK
LD     Q
ST     %M110
END_BLK
(＊ 2#发育罐搅拌启动条件，2#发育罐实际液位大于设定，启动    ＊)
BLK    %TM21
LD     [ %MW92 > 30 ]
IN
OUT_BLK
LD     Q
ST     %M111
END_BLK
BLK    %FC0
LD     %I0.0.0
IN
LD     %M200
R
END_BLK
```

```
LD      1
[ %MD20 : = %FC0.VD ]
LD      1
[ %MF50 : = DINT_TO_REAL( %MD20 ) ]
LD      1
[ %MF60 : = %MF50 * %MF2 ]
LD      1
[ %MD50 : = REAL_TO_DINT( %MF60 ) ]
LD      1
[ %MD54 : = REAL_TO_DINT( %MF60 ) ]
BLK    %TM30
LDN    %M8
IN
OUT_BLK
LD      Q
ST      %M9
END_BLK
BLK    %TM31
LD      %M9
IN
OUT_BLK
LD      Q
ST      %M8
END_BLK
LDR    %M9
[ %MF80 : = %MF60 ]
LDF    %M9
[ %MF90 : = %MF60 ]
LD      1
[ %MF100 : = %MF90 - %MF80 ]
LD      1
```

```
[ %MF68 : = ABS( %MF100 ) ]
LD      1
[ %MF110 : = %MF68/5.0 ]
LDN     %I0.0.0
[ %MF110 : = 0.0 ]
BLK     %FC1
LD      %I0.0.4
IN
LD      %M201
R
END_BLK
LD      1
[ %MD30 : = %FC1.VD ]
LD      1
[ %MF54 : = DINT_TO_REAL( %MD30 ) ]
LD      1
[ %MF64 : = %MF54 * %MF6 ]
LD      1
[ %MD70 : = REAL_TO_DINT( %MF64 ) ]
LD      1
[ %MD74 : = REAL_TO_DINT( %MF64 ) ]
LDR     %M9
[ %MF84 : = %MF64 ]
LDF     %M9
[ %MF94 : = %MF64 ]
LD      1
[ %MF98 : = %MF94 - %MF84 ]
LD      1
[ %MF108 : = ABS( %MF98 ) ]
LD      1
[ %MF114 : = %MF108/5.0 ]
```

```
LDN    %I0.0.4
[ %MF114 : = 0.0 ]
LD     1
[ %MW90 : = %IW0.2.0 ]
LD     1
[ %MW92 : = %IW0.2.1 ]
LD     1
[ %MW94 : = %IW0.2.2 ]
LD     1
[ %MW36 : = %IW0.3.0 ]
LD     1
[ %MW46 : = %MW36 + 5 ]
LD     1
[ %MW16 : = %MW46/10 ]
LD     1
[ %MW38 : = %IW0.3.1 ]
LD     1
[ %MW48 : = %MW38 + 5 ]
LD     1
[ %MW18 : = %MW48/10 ]
LD     %I0.0.1
AND(   %M20
OR     %M50
)
ANDN   %M30
ST     %M50
LD     %I0.0.5
AND(   %M21
OR     %M51
)
ANDN   %M31
```

```
ST      %M51
LD      %I0.0.7
AND(    %M22
OR      %Q0.0.4
)
ANDN    %M32
ST      %Q0.0.4
LD      %I0.0.8
AND(    %M23
OR      %M53
)
ANDN    %M33
ST      %M53
LD      %I0.0.20
AND(    %M24
OR      %M54
)
ANDN    %M34
ST      %M54
LD      %I0.0.22
AND(    %M25
OR      %M55
)
ANDN    %M35
ST      %M55
LD      %I0.1.0
AND(    %M26
OR      %Q0.0.12
)
ANDN    %M36
ST      %Q0.0.12
```

```
LD      %I0.1.2
AND(    %M27
OR      %Q0.0.13
)
ANDN    %M37
ST      %Q0.0.13
LD      %I0.0.10
AND(    %M28
OR      %Q0.0.5
)
ANDN    %M38
ST      %Q0.0.5
LD      %I0.0.13
AND(    %M29
OR      %Q0.0.6
)
ANDN    %M39
ST      %Q0.0.6
LD      %I0.0.16
AND     %M110
ANDN    %M101
ST      %Q0.0.7
LD      %I0.0.16
AND     %M110
AND     %M102
ST      %Q0.0.14
LD      %I0.0.18
AND     %M111
ANDN    %M103
ST      %Q0.0.8
LD      %I0.0.18
```

```
AND    %M111
AND    %M104
ST     %Q0.0.15
LD     %M150
AND    %I0.0.11
ANDN   %M95
OR(    %M150
AND    %I0.0.12
ANDN   %M99
)
OR     %M100
ANDN   %M151
ANDN   %M97
ST     %M100
LD     %I0.0.20
AND(   %M100
AND(   %I0.0.11
OR     %I0.0.12
)
OR     %M54
)
ANDN   %M97
ST     %Q0.0.9
BLK    %TM0
LD     %I0.0.22
AND    %M100
AND    %I0.0.21
ANDN   %M96
IN
OUT_BLK
LD     Q
```

```
ST      %M80
END_BLK
LD      %M80
OR(     %I0.0.22
AND     %M55
)
ST      %Q0.0.10
BLK     %TM4
LD      %I0.0.1
AND     %M100
AND     %I0.0.23
ANDN    %M98
IN
OUT_BLK
LD      Q
ST      %M81
END_BLK
LD      %M81
OR(     %I0.0.1
AND     %M50
)
ST      %Q0.0.2
BLK     %TM2
LD      %I0.0.5
AND     %M100
AND     %I0.0.0
ANDN    %M91
IN
OUT_BLK
LD      Q
ST      %M82
```

```
END_BLK
LD      %M82
ANDN    %M91
OR(     %I0.0.5
AND     %M51
)
ST      %Q0.0.3
BLK     %TM3
LD      %I0.0.8
AND     %M100
AND     %I0.0.4
ANDN    %M90
IN
OUT_BLK
LD      Q
ST      %M83
END_BLK
LD      %M83
ANDN    %M90
OR(     %I0.0.8
AND     %M53
)
ST      %Q0.0.11
LD      %M33
OR      %M90
AND     %M100
ST      %M90
BLK     %TM10
LD      %M90
IN
OUT_BLK
```

```
LD      Q
ST      %M91
END_BLK
LD      %M95
AND     %I0.0.11
OR(     %M99
AND     %I0.0.12
)
OR      %M98
AND     %M100
ST      %M98
BLK     %TM5
LD      [ %MW90 > 62 ]
IN
OUT_BLK
LD      Q
ST      %M95
END_BLK
BLK     %TM8
LD      [ %MW92 > 62 ]
IN
OUT_BLK
LD      Q
ST      %M99
END_BLK
BLK     %TM11
LD      %M98
IN
OUT_BLK
LD      Q
ST      %M96
```

```
END_BLK
BLK    %TM12
LD     %M96
IN
OUT_BLK
LD     Q
ST     %M97
END_BLK
LD     1
[ %MF10 : = INT_TO_REAL( %MW14 ) ]
LD     1
[ %MF12 : = INT_TO_REAL( %MW90 ) ]
LD     1
[ %MF14 : = INT_TO_REAL( %MW92 ) ]
BLK    %TM15
LD     [ %MW16 > %MW24 ]
IN
OUT_BLK
LD     Q
ST     %M101
END_BLK
BLK    %TM16
LD     [ %MW16 < %MW52 ]
IN
OUT_BLK
LD     Q
ST     %M102
END_BLK
BLK    %TM17
LD     [ %MW18 > %MW28 ]
IN
```

```
OUT_BLK
LD      Q
ST      %M103
END_BLK
BLK     %TM18
LD      [ %MW18 < %MW56 ]
IN
OUT_BLK
LD      Q
ST      %M104
END_BLK
BLK     %TM20
LD      [ %MW90 > 30 ]
IN
OUT_BLK
LD      Q
ST      %M110
END_BLK
BLK     %TM21
LD      [ %MW92 > 30 ]
IN
OUT_BLK
LD      Q
ST      %M111
END_BLK
程序结束
```